津春 5 号

哈研 2186

HA-454

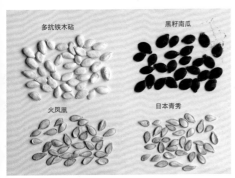

多抗铁木砧　黑籽南瓜

火凤凰　日本青秀

砧木品种

U0332185

黄瓜穴盘直播苗

黄瓜穴盘嫁接苗

1

黑籽南瓜作砧木，嫁接
后黄瓜果面蜡粉较厚

火凤凰作砧木，嫁接后黄瓜果
面蜡粉薄，瓜条翠绿油量

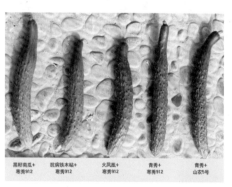

不同砧木和接穗品种
嫁接后果实对比

催芽后的黄瓜种子

嫁接部位生根状

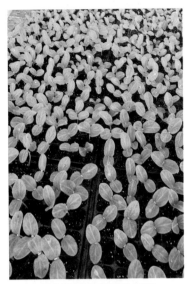

适宜嫁接的南瓜砧木苗

插接好的黄瓜苗

铺设滴灌管

日光温室黄瓜定植

黄瓜嫁接栽培（右）与实生
栽培（左）定植后生长对比

黄瓜日光温室栽培

黄瓜有机质无土栽培

黄瓜果实套袋

黄瓜苗期灰霉病危害状

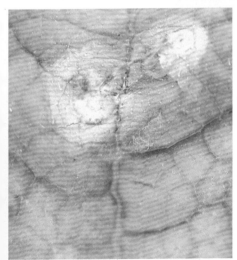

黄瓜灰霉病病叶

黄瓜灰霉病病果　　　　　　　　　黄瓜霜霉病病叶

黄瓜苗期白粉病危害状　　　　　　　黄瓜植株白粉病危害状

黄瓜褐斑病叶面症状　　　　　　　　黄瓜褐斑病叶背症状

黄瓜细菌性角斑病叶背症状

黄瓜根结线虫危害状

黄瓜蚜虫危害状

黄瓜温室白粉虱危害状

黄瓜煤污病病叶

黄瓜戴帽出土

黄瓜苗期低温冷害

黄瓜降落伞叶

黄瓜苗期花打顶

黄瓜化瓜

黄瓜植株花打顶

黄瓜弯曲瓜

黄瓜设施栽培新技术

刘玉荣 编 著

金盾出版社

内容提要

本书内容包括:概述,黄瓜的生物学特性,黄瓜新优品种选择,黄瓜设施创新栽培技术,黄瓜的采收、分级、运输与贮藏,日光温室黄瓜主要病虫害防治技术。本书全面系统地介绍了近年来黄瓜新优品种和设施栽培新技术,语言通俗简练,内容丰富详实,适合广大瓜农及一线农业技术推广人员学习参考。

图书在版编目(CIP)数据

黄瓜设施栽培新技术/刘玉荣编著 · —北京:金盾出版社,2014.9

ISBN 978-7-5082-9453-7

Ⅰ.①黄…　Ⅱ.①刘…　Ⅲ.①黄瓜—蔬菜园艺—设施农业　Ⅳ.①S626

中国版本图书馆 CIP 数据核字(2014)第 108772 号

金盾出版社出版、总发行
北京太平路 5 号(地铁万寿路站往南)
邮政编码:100036　电话:68214039　83219215
传真:68276683　网址:www.jdcbs.cn
北京盛世双龙印刷有限公司印刷、装订
各地新华书店经销
开本:850×1168 1/32　印张:6.25　彩页:8　字数:110 千字
2014 年 9 月第 1 版第 1 次印刷
印数:1~5 000 册　定价:13.00 元
(凡购买金盾出版社的图书,如有缺页、
倒页、脱页者,本社发行部负责调换)

目　录

目　录

第一章　概　述

一、黄瓜起源和栽培历史

黄瓜又名胡瓜、王瓜。葫芦科，甜瓜属，1年生蔓性草本植物。

黄瓜幼果脆嫩，含有多种维生素和矿物质，可鲜食、凉拌、熟食、泡菜、腌渍、干制、做罐头，是全球性的大众化重要蔬菜，其栽培面积仅次于番茄、甘蓝和洋葱，名列第四，尤以亚洲栽培面积最大，我国约占全球栽培面积的1/3，居各国之首。

据德康多尔（De Candolle）在《栽培作物的起源》中根据世界各地的黄瓜名称和古代地区的栽培资料认为，黄瓜的原产地大概在印度东北。英国植物学家胡克首次在喜马拉雅山麓不丹至锡金地区发现了一种野生黄瓜类型，因其与栽培种杂交亲和力很高，故确认它为黄瓜的原生种，定名为 Cucumis Hardwickii Royle。此后，从印度西部喜马拉雅山南麓到印度锡金邦、尼泊尔乃至我国云南都发现有多个类型的野生种，进一步证实了黄瓜起源地为印度。

黄瓜在印度已有 3 000 年的栽培历史，古埃及在公元前 1750 年已有栽培记录,在公元前几世纪传播到古罗马和希腊。公元 1 世纪传入小亚细亚(西亚北部)和北非,此后逐渐向北欧扩展,9 世纪传入法国和俄罗斯;1327 年英国始有栽培记录,1573 年以后才得到普及并形成独特的温室生态型。美洲大陆是哥伦布在 1494 年于海地岛试种;1535 年加拿大始有栽培记录;美国于 1584 年和 1609 年分别引进到弗吉尼亚州和马萨诸塞州。在亚洲主要是向我国和日本传播;日本在 10 世纪始有记录,直到 1833 年才出现早熟栽培,1916 年出现利用油纸的保护地栽培;我国黄瓜分为华北和华南两个生态型传入,至今已有 1 500 多年的栽培历史。在我国,北方生态型是西汉时甚至更早经由丝绸之路传入中原,南方生态型是从缅甸和中印边界传入华南,而且比华北生态型传入更早,所以又名胡瓜。胡瓜更名为王瓜,始于后赵。后赵王朝的建立者石勒,本是入塞的羯族人,他在襄国(今河北邢台)登基做皇帝后,对国内人称呼羯族人为胡人大为恼火,故更名为王瓜。隋大业四年,因避炀帝讳,改名黄瓜。到了唐朝时,已成为南北常见的蔬菜。由于受生态条件变化的影响以及生产者长期选择的结果,在我国已形成较多的类型和品种,因此我国已成为黄瓜的次生起源中心。丰富的品种资源和悠久的栽培历史,为黄瓜生产提供了十分有利的条件。在我国,从东到西,从南到北,从露地到温室,均被广泛栽培,且品种类型繁多,栽培形式多样。黄瓜喜湿、耐弱光,特别适宜保护地栽培。20 世纪 80 年代以来,随着我国国民经济的持续快速发展和人民生活水平的大幅度提高,农村经济结构和产业种植结构的进一步调整,使日光温室蔬菜生产得到长足发展,截至2008年年底,全国设施蔬菜种植面积达334.7万公顷。在日光温室中,黄瓜栽培面积占70%~90%,是温室中栽培面积最大的蔬菜。温室生产上分冬春茬、早春茬、夏秋茬、秋冬茬和越冬茬,栽培方式灵活多样,可实现周年供应。

二、黄瓜的营养价值

黄瓜嫩果果肉脆甜多汁,具有清香口味,且营养丰富。经测定,每100克黄瓜热量为62.76千焦,含蛋白质0.6~0.8克,脂肪0.2克,碳水化合物1.6~2克,膳食纤维0.5克,钙15~19毫克,磷29~33毫克,铁0.5毫克,钠4.9毫克,镁15毫克,锌0.18毫克,硒0.38微克,铜0.05毫克,锰0.06毫克,钾102毫克,胡萝卜素0.09毫克,硫胺素0.02~0.04毫克,核黄素0.04~0.4毫克,烟酸0.2~0.3毫克,维生素A 15微克,维生素B_1 0.04毫克,维生素B_2 0.04毫克,维生素B_6 0.05毫克,维生素C 9毫克,维生素E 0.49毫克。此外,还含有葡萄糖、鼠李糖、半乳糖、甘露糖、木米糖、果糖、咖啡酸、绿原酸、多种游离氨基酸以及挥发油、葫芦素、黄瓜酶等。由于营养丰富,是人们一年四季餐桌上不可缺少的主要蔬菜。

三、黄瓜的保健作用

明代著名中医药学家李时珍指出:"黄瓜气味甘寒,清热解渴,利小便"。黄瓜的叶及藤性味微寒,具有清热、利水、除湿、滑肠、镇痛等功效,它的叶、藤、根、果均可入药。

黄瓜中含有的葫芦素 C 具有提高人体免疫功能的作用,可达到抗肿瘤的目的。此外,该物质还可治疗慢性肝炎。黄瓜中所含的丙氨酸、精氨酸和谷胺酰胺对肝脏病人,特别是对酒精肝硬化患者有一定辅助治疗作用,可防酒精中毒。

黄瓜含有维生素 B_1,对改善大脑和神经系统功能有利,能安神定志,辅助治疗失眠症。

黄瓜有利尿的功效,有助于清除血液中像尿酸那样的潜在有害物质。黄瓜味甘性凉,具有清热利水、解毒的功效,还有利尿、除湿、滑肠、镇痛的功效。另外,黄瓜还可治疗烫伤、痱疮等。此外,黄瓜藤有良好的降压和降胆固醇的作用。

黄瓜是减肥佳品。鲜黄瓜含有丙醇二酸,可以抑制糖类物质转化为脂肪。黄瓜中含有纤维素,对促进肠蠕动、加快排泄和降低胆固醇有一定的作用。黄瓜的热量很低,对于高血压、高血脂以及合并肥胖症的糖尿病,是一种理想的食疗良蔬。

黄瓜也是美容菜蔬,有"厨房里的美容剂"一称。黄瓜所含的黄瓜酶,能促进人体的新陈代谢,排出毒素,其中的维生素C能美白肌肤,保持肌肤弹性,抑制黑色素的形成。经常食用或贴在皮肤上可有效地抗皮肤老化,减少皱纹的产生,并可防止唇炎、口角炎。老黄瓜中富含维生素E,可以延年益寿、抗衰老;黄瓜中的黄瓜酶,有很强的生物活性,能有效地促进机体的新陈代谢。

第二章 黄瓜基础知识

一、黄瓜的植物学特征

黄瓜是1年生草本植物。黄瓜植株由根、茎、叶、花、果实和种子构成。

(一)根

黄瓜的根由主根、侧根、须根、不定根组成。黄瓜属浅根系,通常主根向地下伸长,可延伸到1米深的土层中,但主要集中在7～30厘米的土层。主根上分生的侧根向四周水平伸展,伸展的宽度可达2米左右,但主要集中于半径30～40厘米的范围内,深度为6～10厘米,黄瓜的上胚轴培土之后可分生不定根。

黄瓜根系好气性较强,抗旱力、吸肥力都比较弱,故在栽培中要求定植要浅,土壤要求肥沃疏松,并保持土壤湿润,干旱时注意浇水。

黄瓜根系的形成层(维管束鞘)易老化,并且发生得早而快。所以,幼苗期不宜过长,10天的苗龄,不带土也可成活;30～50天的苗龄带土坨、纸袋不伤根,也能成活;若根系老化后或断根,则很难生出新根。所以,在育苗时,苗龄不宜过长。定植时,要防止根系老化和断根,保全根系。

(二)茎

茎蔓性,中空,4棱或5棱,生有刚毛。5~6节后开始伸长,不能直立生长。第三片真叶展开后,每一叶腋均产生卷须。茎的长度取决于类型、品种和栽培条件。早熟的春黄瓜类型茎较短,一般茎长1.5~3米;中、晚熟的半夏黄瓜和秋黄瓜类型茎较长,可长达5米以上。茎的粗细、颜色深浅和刚毛强度是植株长势强弱和产量高低的标志之一。茎蔓细弱、刚毛不发达,很难获得高产;茎蔓过分粗壮,属于营养过旺,会影响生育。一般茎粗0.6~1.2厘米、节间长5~9厘米为宜。

(三)叶

黄瓜的叶分为子叶和真叶。子叶贮藏和制造的养分是秧苗早期主要营养来源。子叶的大小、形状、颜色与环境条件有直接关系。在发芽期可以用子叶来判断苗床的温、光、水、气、肥等条件是否适宜。正常情况下,播后4天,子叶开展角为75°左右,其后进一步展开,到真叶伸长时成为近水平状态。真叶为单叶互生,呈五角形,长有刺毛,叶缘有缺刻,叶面积较大,一般为200~500厘米^2。黄瓜之所以不耐旱,不仅因为根浅,而且也与叶面积大、蒸腾系数高有密切关系。就一片叶而言,未展开时呼吸作用旺盛,光合成酶的活性弱。从叶片展开起净同化率逐渐增加,展开约 10 天后发展到叶面积最大的壮龄叶,净同化率最高,呼吸作用最低。壮龄叶是光合作用的中心叶,应格外加以保护。叶片达到壮龄以后净同化率逐渐减少,直到光合作用制造的养分不够呼吸消耗,失去了存在的价值,应及时摘除,以减轻壮龄叶的负担。叶的形状、大小、厚薄、颜色、缺刻深浅、刺毛强度和叶柄长短,因品种和环境条件的差异而不同。生产上可以用叶的形态表现来判断植株所处的环境条件是否适宜,以指导生产。正常的叶片较厚、平展、缺刻深、先端尖,叶柄与茎间夹角约为 45°。叶腋间着生的卷须是黄瓜的变态器官,具有攀缘功能。坐果与果实膨大期,生长正常的卷须粗壮,伸展时与茎呈 45°角;呈弧形下垂者,为缺水表现;浇水过多时则直立生长;营养不良,植株老化时,卷须细而短,先端卷曲成圆圈状;尖端提前变黄,为发病预兆,预示霜霉病等病很易发生。

(四)花

黄瓜基本上是雌雄同株异花,偶尔也出现两性花。黄瓜为虫媒花,依靠昆虫传粉受精,品种间自然杂交率高达 53%～76%。因此,在留种时,不同品种之间应自然隔离 4～5 千米。花萼绿色有刺毛,花冠为黄色,花萼与花冠均为钟状、五裂。雌花为合生雌蕊,子房下位,一般有 3 个心室,也有的 4～5 个心室,侧膜胎座,花柱短,柱头三裂。黄瓜花着生于叶腋,一般雄花比雌花出现早。雌花着生节位的高低,即出现早晚,是鉴别熟性的一个重要标志。不同品种有差异,与外界条件也有密切关系。

花多为单性花,生产上最常见的为雌雄同株异花的株型,植株上只有雌花而无雄花的为雌性型。主蔓上第一雌花的节位高低与早熟性有很大关系,早熟品种第三至第四节出现雌花,而晚熟品种第八至第十节以上才出现雌花。正常的雌花大,子房长4厘米,开放时花向下,花瓣鲜黄色,花大小超过4厘米。花小,横向或向上开花则表明植株长势弱,容易形成畸形瓜。

黄瓜花的性型是可塑的,最初分化出花的原始体,具有雌蕊和雄蕊两性原基。当环境条件适于雌蕊原基发育时,雄蕊原基退化,雌蕊原基发育,形成雌花;环境条件适于雄蕊原基发育时,雌蕊原基退化,雄蕊原基发育形成雄花。环境条件和栽培措施可影响黄瓜花芽的性型分化。因此,苗期可采取适当的技术措施对黄瓜的花进行性型调控,以降低雌花节位,增加雌花数量,达到早熟、高产的目的。

(五)果 实

黄瓜的果实为瓠果,其性状因生态环境类型、品种而异。果实有长短,筒形至长棒状,果色有深浅,分深绿、浅绿、黄绿甚至白色,果皮和果肉也有厚薄之分。果面光滑或有棱、瘤、刺;刺色有黑、褐、白之分。黄瓜的果实为假浆果,是子房下陷于花托之中,由子房与花托合并形成的。黄瓜的食用产品器官是嫩瓜,通常开花后8～18天达到商品成熟,时间长短由环境条件决定。正常的果实较为粗长,条直,上下粗细应较为一致。黄瓜有单性结实能力,即不授粉时也能形成正常结实。这是因为黄瓜子房中生长素含量较高,能控制自身养分分配所致。但授粉能提高结实率和促进果实发育。所以,在阴雨季节和保护地栽培时,人工授粉可以提高产量。

(六)种 子

黄瓜种子形状扁平,长椭圆形,黄白色。一般开花后40～50天达生理成熟期。每个果实有种子100～300粒,种子千粒重22～42克。种子寿命4～5年。生产上采用1～2年的种子。

黄瓜新、陈种子的鉴别方法:新的黄瓜种子表皮有光泽,乳白色或白色,种仁含油分、有香味,尖端的毛刺(即种子与胎座连接处)较尖,将手插入种子袋内,抽出手时手上往往挂有种子。陈旧黄瓜种子,表皮无光泽,常有黄斑,顶端的毛刺钝而脆,用手插入种子袋再抽出手时种子往往不挂在手上。

以上鉴别只是从感官上检验比较,最有把握的方法是做种子发芽试验。对外购的种子,为了做到心中有数,播种前,最好先做种子发芽试验。

二、黄瓜的生长发育周期

黄瓜与其他栽培植物一样,要经历从种子萌芽到植株死亡的生长发育过程,一般需 90～130 天,长的可达 300 天,根据植株的形态及生理变化,可分为发芽期、幼苗期、抽蔓期和结瓜期 4 个时期。在不同的生育时期内,发育规律及对环境条件的要求是不同的。只有了解各生育期的特点,在不同阶段采用相应的管理措施,才能实现黄瓜的低成本、高产、优质、高效栽培。

(一)发 芽 期

从种子萌芽至子叶展开为发芽期。种子萌动指黄瓜休眠的干种子吸水膨胀,在适合的温度及氧气条件下,种子开始生理活动的现象。生理活动最初的形态标志是胚根开始伸长,种子发芽,生产中多在这种情况下播种。播种后,在温度、湿度及通气适合的条件下,种子胚根继续伸长,同时发生侧根,下胚轴向上伸长,在盖土的压力下,使子叶脱离种壳,并把子叶送出地面,子叶不断扩大,并由黄色变绿色。叶原基继续分化,到 2 片子叶展开时,主根达到 8～10 厘米,侧根数 16～18 条,下胚轴长 5～6 厘米,粗约 3 毫米,子叶长 3～4 厘米、宽 2 厘米左右。此期主要靠子叶贮存营养使幼苗出土,子叶展开后逐渐长大并进行光合作用,为幼苗的继续生长提供养分。在适合

11

条件下,此期需 8～10 天。

(二)幼 苗 期

从子叶展开到长出 4～5 片真叶为幼苗期。子叶展开后,主根继续延伸,侧根也迅速生长,四级侧根也相继出现;下胚轴不再伸长,而是继续加粗生长;第一、第二、第三、第四片真叶先后展开,第五、第六、第七片真叶也具雏形;同时,生长点内的叶原基及花原基陆续分化。主根长达 35 厘米,下胚轴 5～7 厘米,子叶仍鲜绿正常,其大小约 4 厘米×2.5 厘米,第一片真叶已长到最大,为三角形两裂,其他真叶都是掌状五角形四裂。此期通常需 30 天以上,这时植株生长缓慢,主茎尚能直立。营养生长与生殖生长同时进行,以营养生长为主。

(三)抽 蔓 期

从幼苗期结束到第一瓜(根瓜)坐住为抽蔓期。多数黄瓜品种从第四节开始出现卷须,节间开始加长,蔓的延长生长明显加快。有的品种出现侧枝,雄花、雌花先后出现并陆续开放。早熟品种变化较早,中晚熟品种则晚。当第一瓜的瓜把由黄绿色变成深绿色,俗称"黑把"时,标志抽蔓期结束。此期历时较短,为 10～20 天,早熟品种短,而晚熟品种长,此期结束时,茎高 30～40 厘米,主根深达 40～50 厘米,子叶已达最大,真叶展开 7～8 片,茎尖已分化到 26～28 节。雌性系品种雌花原基已分化出

20个左右,一般品种也可达6~8个。此期是从以营养生长为主向营养生长及生殖生长并进的过渡阶段。植株生长主要是茎叶形成,其次为根系的进一步发展,虽已开花并坐瓜,但其比重很小。

(四)结 瓜 期

从第一条瓜坐住到拉秧(即植株的死亡)为结瓜期。进入结瓜期后,植株每节的叶片、卷须、侧枝、雄花或雌花陆续分化形成,并生长成形。雌花率提高,主蔓叶片的叶面积达到最大,蔓生长的速度也最快。雌花坐瓜后,幼瓜迅速生长。瓜长的最大日生长量达4~5厘米,瓜粗的最大日生长量在0.4~0.5厘米之间。瓜条的生长速度与品种特性、环境条件、管理状况有关。对一株黄瓜而言,根瓜生长较慢,腰瓜生长较快,而顶瓜、回头瓜生长速度中等。就瓜本身来说,一般开花后10~15天成瓜。结瓜期的长短差异很大,从30天到250天不等。一般分枝性强的晚熟品种寿命长,而分枝性弱的早熟品种寿命较短。但主要因素还是环境条件及栽培技术措施。其他因素中,病害的发生与否是决定结瓜期长短的关键因素。

三、黄瓜生长发育对环境条件的要求

黄瓜原产于印度热带森林湿润地区,性喜温暖湿润,不耐寒。属喜光性蔬菜,但同时较耐低温、弱光,有较强的环境适应性,特别适宜在设施条件下栽培。因此,成为日光温室中的主栽蔬菜品种。

(一)温 度

黄瓜正常生长发育的温度范围为 10℃～35℃。生育适温 25℃～30℃,白天 25℃～32℃,夜间 10℃～18℃,光合作用适温为 25℃～30℃,35℃达光合作用补偿点,再高则出现生理失调或紊乱;10℃以下生理活动失调,生长缓慢或停止生育,所以将 10℃称为"黄瓜经济最低温度"。在 4℃受冷害、0℃引起冻害,经过低温锻炼的健壮植株冻死的温度为－2℃～0℃;较高湿度下,能耐 30℃～35℃高温。黄瓜对地温敏感,适宜地温为 20℃～25℃。黄瓜根系要求的最低地温是 8℃,发根要求的最低温度为 12℃～14℃,最高 38℃,适温 25℃。一般以 12℃的地温作为黄瓜定植期的温度指标。

黄瓜不同生育时期对温度的要求也不同。发芽期温度范围为 12℃～40℃,适温为 25℃～30℃,低于 18℃发芽缓慢,高于 32℃时发芽率低;育苗时昼温 27℃、夜温 22℃可获得理想的充实芽子。幼苗期适温白天 25℃～30℃,夜间 15℃～18℃,地温 18℃～20℃。苗期花芽分化与温度、光照关系不大,但光照不足及低温会延缓生育,延迟花芽分化,低温(特别是夜温 13℃～17℃)、短日照(8～10 小时)有利于雌花分化。开花期最适温为 18℃～21℃,最低温 15℃,花粉发芽的最高温度可达 40℃,但实际生产中应不超过30℃。定植期适温白天25℃～28℃,地温18℃～20℃,最低限15℃,夜间前半夜15℃,后半夜12℃～13℃,长期夜温高于18℃～20℃、地温高于23℃,则根生长受抑,生长不良。结瓜期适温白天23℃～28℃,夜间10℃～15℃,温度高果实生长快,但植株易老化。在低温期,最好是地温能比气温高5℃,因为气温与地温相互影响,高地温可以补充低气温。地温过低时,对根发育不利,甚至会发生沤根和花打顶现象。地温与气温都低时,以提高地温为好,地温提高1℃,相当于提高2℃～3℃气温的效果。

(二)湿度和水分

黄瓜根系浅、叶片大、消耗水分多,故喜湿不耐旱,要求较高的土壤湿度和空气湿度。适宜的空气相对湿度为70％～90％,土壤相对湿度要求85％～95％,空气相对湿度白天80％、夜间90％为宜。园艺设施的高湿条件对黄瓜生长非常有利,但也不宜过湿,长期高湿易导致病害发生。另外,空气湿度过高易在叶表面形成水膜,干扰气体交换,并对光线产生折射,影响光合强度,蒸腾作用受阻,也影响水分和养分的吸收。所以,在设施栽培管理中要经常通风换气,降低空气湿度。近年来,设施栽培黄瓜多采用膜下暗灌或滴灌方式,除节水、省工、增加地温和保持较高的土壤湿度外,还相应地降低了空气湿度。

黄瓜不同生长发育阶段需水量不同,种子发芽时要求有足量的水分,播前应浇足底水。幼苗后期应适当控制浇水,以防沤根、徒长及引起病害发生。抽蔓期要适当控水,直到根瓜坐住。以后随植株生长,需水量逐渐增多,要勤浇水,切不可受旱。尤其是结瓜期,生殖生长和营养生长同步进行,更应保证足够的水分供应,以防出现畸形瓜或化瓜。

(三)光 照

黄瓜喜光,光饱和点为5.5万勒,生育期间最适宜的光照强度为5.5万~6万勒,因此我国北方冬季设施栽培黄瓜比南方有利。但由于冬季的日照时间短、照度弱,所以,争取充足的光照是提高冬季黄瓜产量的重要条件。因此,冬季生产除选用透光率好的棚膜外,每天拉苦后还要及时清扫棚面上的灰尘、杂物,以提高透光率。在一些光照条件差的地区,张挂反光膜增加光照也是一项辅助性增产措施。黄瓜是果菜中相对比较耐弱光的蔬菜,光补偿点为1500~2000勒,2万勒以下不利于高产,植株表现是茎叶弱,侧枝少,生长不良。

黄瓜对日照长短要求因生态环境类型不同而有差异。一般华南系品种对短日照较为敏感,而华北系品种对日照长短要求不严格,但大多数品种8~11小时的短日照能促进雌花形成。

(四)土 壤

黄瓜适宜在有机质含量高、疏松透气的壤土中栽培。在黏质土壤中生长慢，长势强；沙性土壤中生长快，但易衰老。适宜土壤 pH 值 5.5～7.2，最适 pH 值 6.5，pH 值低于 4.3 时植株会枯死。黄瓜喜肥又不耐肥。根系适宜的土壤溶液浓度为 0.03%～0.05%，土壤溶液浓度过高或肥料不腐熟易发生烧根现象。

(五)营 养

1. 黄瓜吸收营养的特点 黄瓜是对营养元素需求较多的蔬菜。由于其植株生长迅速，进入结瓜期早，短期内生产果实量大，因此需肥量相应也大。但黄瓜根系吸收养分的范围小、能力差，能耐受的土壤溶液浓度较小，因此黄瓜的施肥原则是"少量多次"。施肥应以农家肥为主，只有在大量施用农家肥的基础上提高土壤的缓冲能力，才能施用较多的速效化肥。黄瓜整个生育期间吸收的钾最多，其他依次为钙、氮、镁、磷。即每生产 1 000 千克黄瓜需氮(N)2.8～3.2 千克、五氧化二磷(P_2O_5)1.1～1.8 千克、氧化钾(K_2O)3.6～4.4 千克、氧化钙(CaO)2.3～3.8 千克、氧化镁(MgO)0.6～0.8 千克。黄瓜需肥量与生长量变化同步，幼苗期较少，抽蔓期增加，以结瓜期最多。黄瓜在幼苗期和抽蔓期吸收的氮、磷、钾量占全期的 20%，而在结瓜期占 80% 以上，故应把结瓜期作为黄瓜施肥的关键时期。各生育阶段对氮、磷、钾具体的养分需求分配：从播种至抽蔓期末（即结瓜期前），氮、磷、钾的吸收量分别占总吸收量的 2.4%、1.2% 和 1.5%；至始瓜期氮、磷、钾的吸收量则分别增加到 14.8%、8.7% 和 14%；而到盛瓜期则达最大值，氮、磷、钾的吸收量分别占总吸收量的 50.13%、46.78% 和 47.36%，即 20 多天时间内吸肥量达到全生育期总吸肥量的一半。

黄瓜吸肥速率受多种因素影响。水培结果表明，黄瓜植株对各种元素的吸收量、吸水量与光照强度成正比。一般光照下，每株黄瓜每天平均吸水 1.14 升、氧化钾 306 毫克、氮 248 毫克、五氧化二磷 40 毫克。

晴天植株对水、氮和钾的吸收速率变化与辐射强度同步，随辐射强度增加而增加。阴天时，吸水速率与氮、钾吸收速率明显降低。相反，磷的吸收速率很少受日照强度的影响，但受温度影响大，即温度高时磷的吸收速率亦高。黄瓜具有多次结实、多次采收的特性，不同品种、茬口及生育期需求养分的种类、数量和比例也各不相同。开花结果期（即根瓜坐住后至果实大量收获），植株的茎叶和果实生长量都很大，均达到高峰期，也是植株吸肥量高峰期。由于采收果实不断地把氮、磷、钾等养分携走，为了满足营养生长和生殖生长的需求，必须经常供给充足的水分和养分。因此，开花结果期是黄瓜追肥的关键时期。

黄瓜具有选择性吸收养分的特性，属喜硝态氮

（NO_3^-）作物。在只供给铵态氮（NH_4^+）肥时,叶色变浓,叶片变小,生长缓慢,钙、镁吸收量降低;且常发生缺钙的生理病害,使产量降低。

黄瓜需氮量较大,但氮肥用量过大,还会减产。

不同的肥料对提高黄瓜的产量和改善其品质的效果各不相同。研究结果表明,完全施用有机肥料对黄瓜根系有明显影响,主根长而侧根细根少;完全施用氮、磷、钾化肥,主根少,但侧根细根多;有机肥和化肥各一半处理,不但主根长,而且侧根细根多。有机肥用量增加,雌花数量也增加。施用有机肥料还可增加黄瓜植株叶片数,延缓叶片衰老,增加产量。

除氮、磷、钾外,黄瓜在生育过程中亦在不断地吸收钙和镁。其果实中钙的含量不高,而在叶片中钙含量较高。对镁的吸收量很少,生育初期镁的吸收量小,至果实开始采收吸收量增加,果实中的含镁量很高,占总吸收量的 60％左右,茎叶中较少。因此,基肥未施钙或肥量不足者,全生育期内要注意及时补钙,进入采收期后应注意及时补施镁肥。

2. 黄瓜营养失衡的表现　黄瓜是以嫩果供食,不断着生雌花,不断结果,多次采收的蔬菜,因此必须进行多次追肥,确保各种养分均衡的不断供应,从而获得高额产量。但在实际生产过程中,由于受管理水平、土壤基础肥力等因素的影响,常会出现营养失衡的现象,种植者应根据黄瓜外部形态上所表现出的种种异常反应做出准确判断，及时施治，以保证正常的生产。常见的几种营养元素缺乏和过剩症状如下。

（1）氮过剩　氮肥过量时，茎叶徒长，叶色浓绿，上部叶片变小，叶缘反卷呈伞状；花芽分化延迟，生长点逐渐停止生长，易出现"花打顶"的现象。因黄瓜属典型喜硝态氮肥作物，若铵态氮肥过量时，易造成"氨中毒"，烧苗、烧根、死秧而导致严重减产；氮素过多，磷、钾肥不足易产生苦味瓜；氮肥过多、灌水过量、营养生长过旺，易造成化瓜。

（2）磷过剩　磷过剩时会增强黄瓜的呼吸作用，造成大量的光合产物被过度消耗，植株表现为茎叶受到抑制，植株矮小，叶片肥厚而密集，叶缘黄化，叶脉间产生不均匀的褪绿斑，病健分界不明显。这是因为磷过剩时会影响黄瓜对锌、铁、镁等元素的吸收，产生黄化叶。所以，磷过剩时需补施锌、铁、镁等元素。

（3）钾过剩　叶片表面皱缩凹凸不平，叶缘上卷，叶脉间失绿黄化，表现出多种缺素症状，果实品质差，产量低。钾过剩主要是因为多数农户认为黄瓜是喜钾作物，结瓜期大量冲施速效钾肥所致。钾过剩会影响黄瓜对钙、镁等元素的吸收，应及时补充。

（4）锰过剩　植株生长停止，叶柄略显黑褐色，叶脉变成黄褐色至暗红色，症状从下到上发展，严重时叶脉、叶柄和茎茸毛的基部都呈黑褐色。土壤偏酸、采用日光能高温闷棚易发生锰过剩，叶面喷洒0.1%硅酸钠溶液有助于缓解症状。

(5)缺氮 黄瓜缺氮时,植株生长缓慢,发育不良,茎细叶小;首先下部老叶褪绿黄化,继而枯死脱落;雌花淡黄,短小弯曲,开放时不是下垂而是水平或向上开放。严重缺氮时,根系不发达,吸收能力差;花芽分化不良,易落花落果,畸形瓜多,产量和质量明显下降。防治措施是施用充分腐熟的有机肥,适时追施尿素,也可叶面喷施0.2%~0.5%尿素。

(6)缺磷 老叶先发病,植株长势弱,茎变细,叶小而硬。缺磷严重时,幼叶细小僵硬,呈深绿色,老叶叶缘黄化,叶面出现大型圆形褪绿斑,并向幼叶蔓延,斑块逐渐变褐干枯,叶片凋萎脱落,果实暗绿色,畸形瓜多。土壤过酸,地势低洼,排水不良,偏施氮肥,地温过低等,易出现缺磷症。防治措施是均衡施肥,增施磷肥,可用0.2%磷酸二氢钾叶面喷施。

(7)缺钾 下位叶到中位叶的叶缘变黄,从叶缘向内逐渐失绿,严重时叶向外侧卷曲。症状由下向上发展,老叶受害严重,大肚瓜增多。原因是施用有机肥和钾肥少,地温低,日照不足,土壤过湿或施氮肥过多等阻碍了对钾的吸收。防治措施是施用充足的有机肥和均衡使用化肥,避免一次施用过多的氮肥,增施钾肥,叶面喷施0.3%磷酸二氢钾或0.5%硫酸钾溶液,每隔7天喷施1次,连喷2~3次。

(8)缺钙 新生叶变小,也可向上卷曲呈匙状或勺状,成龄叶向背面卷曲呈降落伞状。多数叶脉间失绿,主脉尚绿,有时上位叶镶金边,叶间出现白色枯斑,植株矮化,节间短,有时幼叶枯死。严重时叶柄变脆,植株从上部死亡,花小,果实也小,风味差。原因是长时间连续低温,日照不足,急剧晴天后高温,土壤干燥,在多肥、多钾、多镁、多氮的情况下,土壤溶液浓度大,阻碍黄瓜根系对钙的吸收。盐碱重、使用生粪致根系发育不良以及植物生长调节剂(如点花药)应用不当也可使症状加重。防止土壤缺钙,主要是加强温度与水肥管理,避免低温和一次性大量施用钾、氮肥,适时灌溉,保证充足的水分,以利于根系对钙的吸收。如土壤缺钙,可结合整地每 667 米^{2}施 100～150 千克生石灰,生育期叶面喷洒 0.3% 氯化钙溶液,每 15 天喷 1 次,连喷 2 次。

(9)缺镁 瓜条膨大并进入盛果期时,下位叶片主脉附近叶脉间褪绿,并向叶缘扩大,如遇低温,植株出现绿环叶,与叶脉间褪绿黄化或白化形成鲜明对比,叶片不卷缩。有的植株除叶脉外,通体黄化,最后叶片逐渐枯萎,严重者植株死亡。缺镁主要原因是土壤中氮、钙过多影响叶片对镁的吸收,磷肥过多也会引起缺镁症。防止缺镁,主要是均衡施用肥料,注意钾、钙等含量的平衡,避免一次施用过多的钾、氮肥。出现缺镁症状,可叶面喷洒 0.2%～0.4% 硫酸镁或氯化镁溶液,每 7 天喷 1 次,连喷 2 次。

(10)缺硼 植株生长点停止生长发育、萎缩;叶缘变褐色,中、下部叶片轻度失绿,并出现水渍状斑;果实表皮龟裂,瓜畸形,果面出现纵向木栓化条纹(此症状酷似蓟马危害状,但蓟马危害后木栓化部分较平,看不到翻卷的表皮),并常伴有流胶现象。严重缺硼时,生长点及侧枝顶端枯死,较嫩的叶片卷曲,最后死亡。死亡的组织呈灰黑色。缺硼的原因是多年种蔬菜且施有机肥少;一次施用过量的石灰肥料,或土壤干燥,或偏碱,或氮、钾肥过量等引起。防治措施是增施有机肥,均衡施肥,避免缺水受旱,发现缺硼症状可用 $0.12\%\sim0.25\%$ 硼砂或硼酸溶液叶面喷施,每 7 天 1 次,连喷 2 次。

(11)缺铜 植株生长受抑,顶部节间缩短,顶部叶片丛生,幼叶小,叶缘上卷呈匙状,中部叶大,叶脉间叶肉褪绿,形成放射状条带(叶脉正常),叶尖及叶缘下垂,下部老叶失绿,叶缘黄化,呈斑驳状,最下部老叶黄化并早衰。果实发育受阻,瓜条短,瓜皮颜色变浅,略畸形。土质偏黏或土壤有机质含量高时易缺铜。防治措施:每 667 米^2 基施 $1\sim2$ 千克硫酸铜或喷施 0.3% 硫酸铜溶液,喷施时最好加入 0.2% 熟石灰。

(六)二氧化碳与氧气

空气中二氧化碳浓度只有 0.033%,在设施栽培条件下,低温季节通风量小时二氧化碳浓度会更低。因此,在一定范围内,提高二氧化碳浓度至空气中浓度的 $2\sim3$ 倍,可以显著提高产量,但长期施用,植株易早衰。

空气中氧的平均含量为 20.79%。土壤中氧的含量因土质、施有机肥多少、含水量大小而不同,浅层含氧量多。黄瓜适宜的土壤氧含量为 15%～20%,低于 2%生长发育将受到影响。生产上增施有机肥、中耕都是增加土壤中氧含量的有效措施。土壤中二氧化碳的含量与氧的相反,浅层土壤二氧化碳含量少。在常规的温度、湿度和光照条件下,在空气中二氧化碳含量为 0.005%～0.1%的范围内,黄瓜的光合强度随二氧化碳浓度的升高而增高。保护地栽培,特别是日光温室冬春茬黄瓜生产,严冬季节很少放风,室内二氧化碳不能像露地那样随时得到补充,必将影响光合作用。生产上可以通过增施有机肥和人工施放二氧化碳的方法加以补充。

第三章　黄瓜新优品种选择

黄瓜栽培中,要根据设施条件、生产季节、栽培方式、茬口安排和市场需求,因地制宜地选择品种,实行良种良法栽培,充分发挥良种的作用。

一、黄瓜种子的质量要求

纯度:纯度要高,不得混有其他品系的种子。要求原种纯度不低于99%,一级良种纯度不低于98%,二级良种纯度不低于96%,常规良种不低于93%。

净度:一级良种纯度不低于99%,二级良种纯度不低于98%,常规良种不低于93%。不得混有夹杂物,如废弃物、其他种子以及杂草等。

含水量:良好的种子应保持较低的含水量,一般要求含水量在8%以下。

发芽率:优良的黄瓜种子应有较高的发芽率。要求良种的发芽率不低于90%。

二、黄瓜的品种类型

黄瓜栽培地域广泛,栽培历史悠久,适于各地多样的生态环境条件,同时历经长期自然或人工选择的影响,形成了许多类型和品种。根据我国品种的分布区域及其生态学性状分为华南和华北两个生态类型。

华南型黄瓜:主要分布于西南、东南及长江流域。该类型长势强,枝叶较繁茂,根群强,耐移栽,较耐低温及弱光,要求短日照。皮坚,果实较粗短,刺瘤稀,多黑刺或无刺。嫩果呈绿色、绿白色、黄白色等,味淡。成熟的果实黄褐色,有网纹,品质中等。代表品种有广州二青、杭州青皮、成都寸金。

华北型黄瓜:主要分布于黄河流域及北方各地。植株生长势中等,蔓细叶薄,根群细长,根系再生能力弱,喜土壤湿润、天气晴朗的自然条件。对日照的要求不甚严格。果实大中型,较细长,果皮薄,刺瘤密,抗湿、抗热性及耐弱光性都较差,品质好。代表品种有北京大刺、长春密刺、河南刺瓜等。

栽培上根据黄瓜果实大小、刺瘤与刺的有无和疏密分为有刺普通黄瓜和无刺小黄瓜两个大类。

由于设施栽培具有高湿、高温与低温条件并存、温差大、光照弱、传粉昆虫少等特殊的栽培环境条件,所以生产上应根据当地气候条件、设施条件和性能以及不同的茬口安排,选用相应的适宜品种。一般来说,温室栽培的品种除要求长势强、丰产性好、优质、味美外,还应具有较强的抗逆性,耐湿、耐弱光、耐低温兼具耐高温性,单性结实力好、雌花节位低、坐果率高、化瓜率低、抗病性强。株型要适合架栽要求,开张度不宜过大,节间要适中,以便于管理。

三、黄瓜和嫁接砧木新优品种

(一)普通黄瓜新优品种

1. 新泰密刺 山东省新泰市高孟村育成,是山东省新泰市(县)地方优良品种。由当地的小八叉和大青把两个地方品种天然杂交,经多次混合选择而成。该品种植株生长势强,主蔓结瓜。第一雌花着生在主蔓第四至第五节,一节多瓜,回头瓜也多。瓜条棒状顺直,长 25～35厘米,瓜把短,横径约 3 厘米,瓜深绿色,瘤刺密,白刺,棱不明显,质脆,微甜,品质中上等。单瓜重 150～200 克,棚室每 667 米^{2}产量为 5 000～8 000 千克。早熟性好,抗逆性强,耐寒性较强,耐弱光,喜肥水,高抗枯萎病,不抗霜霉病和白粉病。适合东北、华北、西北、苏北、皖北等地日光温室冬春茬、大棚春提早栽培。

2. 山农 5 号 山东农业大学园艺系育成。山农 5 号黄瓜幼苗生长健壮,节间短粗,叶片肥厚,抽蔓期植株生长迅速。主蔓结瓜为主,回头瓜多,主蔓一般在 4～5 节着生第一雌花,雌花节率约 68%。瓜长棒状,腰瓜长 35厘米左右,单瓜重 150 克左右,绿色,有光泽,刺瘤密。果肉淡绿色、质脆、味清香,品质优。耐低温弱光能力强,在

10℃～11℃低夜温、8 000 勒弱光条件下可正常生长,越冬栽培早春恢复生长能力强。高抗枯萎病,对霜霉病、白粉病、黑星病具较强抗性。植株长势健壮,后期不早衰,丰产性好,越冬栽培每 667 米² 产量可达 8 000 千克以上。适合华北地区日光温室越冬栽培及东北、西北地区日光温室冬春茬和春棚栽培。

3. 津优 30 号　天津科润黄瓜研究所育成。叶片大而厚,茎粗壮,植株生长势强,主蔓结瓜为主,侧枝也具结瓜能力。主蔓第一雌花着生在 4 节左右,雌花节率 30%以上。瓜条顺直,长棒状;腰瓜长 35 厘米左右,单瓜重 220 克左右,商品性好,畸形瓜少;瓜皮绿色,有光泽;瘤显著,密生白刺;果肉淡绿色、质脆、味甜。耐低温能力较强,可在冬季 8℃低温下正常发育。生育后期耐高温能力较强,可在 34℃～36℃下正常结瓜。生育期可长达 8 个月,采收期 6 个月左右。对枯萎病、霜霉病、白粉病的抗性强。耐弱光,在连续阴雨 10 天、平均光照强度不足 6 000 勒时仍能收获果实。是日光温室越冬栽培和冬春茬栽培的优良品种。

4. 津优 35 号　天津科润黄瓜研究所育成。该品种最大的特点是突出了早熟性、瓜条外观具商品性和丰产性,兼具优质、抗病、耐低温、弱光的性能。该品种植株生长势较强,叶片中等大小,主蔓结瓜为主,瓜码密,早熟性特好,第一雌花节位在 4 节左右,回头瓜多,丰产潜力大,单性结实能力强,瓜条生长速度快。生长后期主蔓摘心后侧枝兼具结瓜性且一般自封顶。中抗霜霉病、白粉病、枯萎病，耐低温、弱光。瓜条顺直，瓜形美观，商品性极佳，膨瓜快，不弯瓜，不化瓜，畸形瓜率极低，单瓜重 200 克左右，皮色深绿、光泽度好，瓜把小于瓜长的 1/7，心腔小于瓜横径的 1/2，刺密、无棱、瘤小，腰瓜长 33～34 厘米，果肉淡绿色，肉质脆甜，品质好，生长期长，不易早衰。适合华北、东北、西北地区日光温室越冬茬、早春茬栽培，早春冷棚也可栽培，越冬温室栽培在河北武邑地区每 667 米² 最高产量超过 20 000 千克。

5. 津优 38 号 天津科润黄瓜研究所最新育成。该品种植株长势旺，叶片中等大小，主蔓结瓜为主。第一雌花节位始于主蔓 5～7 节，雌花节率 40% 左右，有回头瓜。瓜条棒状，顺直，长 32～35 厘米，单瓜重 180 克左右，瓜把适中，心腔小于横径的 1/2，瓜皮绿色，有光泽，刺瘤中等，密生白刺，无棱，畸形瓜率 10% 左右；果肉淡绿色，口感脆甜。耐低温、弱光能力强，在冬季最低温度 6℃～8℃（极端温度 3℃～4℃）、每天持续 3～4 小时条件下生长发育正常，在冬季阴天，有雾、光照低于 5 000 勒弱光条件下未出现叶片上卷、生长缓慢、花打顶等症状。生长中后期耐 34℃～36℃ 高温，高温条件下未出现黄色条纹、生长发育受阻、花打顶等症状。高抗褐斑病、炭疽病，抗枯萎病，中抗霜霉病和白粉病，日光温室越冬茬栽培前期每 667 米² 产量 2 500 千克左右，总产量 10 000 千克以上，适宜华北、东北、西北等地区越冬日光温室和冬春日光温室栽培。

6. 驰誉 301 天津科润黄瓜研究所育成。该品种以主蔓结瓜为主，长势强，茎粗壮，瓜码密，回头瓜多。高抗枯萎病，抗霜霉病、白粉病，耐低温弱光。瓜条顺直，皮色深绿、有光泽，棱、刺、瘤适中，腰瓜长 32 厘米左右。生长期长，丰产稳产性好，适宜越冬茬及早春茬日光温室栽培。

7. 驰誉 302 天津科润黄瓜研究所育成。该品种植株生长势强，茎粗壮，叶片中等大小，以主蔓结瓜为主，瓜码密，回头瓜多，产量高。抗霜霉病、白粉病、枯萎病等病害，商品瓜长 36 厘米左右，棱、刺、瘤适中，瓜色深绿，有光泽，果肉淡绿色，品质好。适宜冬春茬日光温室及早春温室大棚栽培。

8. 博耐 13 号 天津德瑞特种业有限公司马德华博士育成。该品种植株生长势强，叶片小，叶色深绿，主蔓结瓜为主，瓜码密，瓜条棒状，深绿色，有光泽，膨瓜快，瓜长约 33 厘米，瓜形美观，前期产量高，适宜越冬长周期栽培。该品种节间短而稳定，光合效率高，耐低温弱光，不封顶，不歇茬，高抗霜霉病，产量高。

9. 博耐 33E 天津德瑞特种业有限公司育成。该品种耐低温弱光能力强，抗病性强，抗枯萎病、白粉病和霜霉病，适于嫁接。具有良好的稳产性能，丰产性好；植株紧凑，生长势强，叶片较小，深绿色；主蔓结瓜为主，回头瓜多，株型好，瓜条生长速度快，每 667 米^2 产量可达

6 000～10 000 千克。在高温情况下生长正常。商品性好,瓜条顺直,瓜把短,腔细肉厚,瓜色深绿有光泽,刺瘤中等,单瓜重 200 克左右。

10. 德瑞特 721　天津德瑞特种业有限公司育成。该品种植株生长势中等,叶片中等偏小,株型好,主蔓结瓜为主,瓜码密,瓜条生长速度快,连续结瓜能力强,丰产能力强,产量高。该品种瓜条长 34 厘米左右,密刺,瓜把短,瓜条直,精品瓜多,畸形瓜少。耐低温、弱光能力强,抗枯萎病能力强,中抗霜霉病、白粉病。适宜秋冬温室、早春温室、春大棚栽培。

11. 春光 1 号　中国农业大学育成的冬春保护地栽培专用品种。植株生长健壮,叶片大小适中,株型结构紧凑,耐低温和短、弱光照条件,能适应 12℃～16℃低夜温条件下生长。结瓜性能好,为强雌型品种,雌花节率在 60% 以上,可多条瓜同时增大,对保护地主要病害枯萎病、细菌性角斑病、霜霉病、黑星病等有较强抗性。瓜型中长 20～22 厘米、粗 4～5 厘米,瓜把短于 2 厘米,瓜条棒状、整齐,商品性好,适于包装销售。果面光滑(无棱、刺、瘤),皮色鲜绿,光泽诱人,方便洗刷,卫生品质好;果肉厚,皮薄,种腔小于横径的 1/3,营养品质与"长春密刺"相比,维生素 C 含量提高约 15%,还原糖含量提高约 25%,磷素含量高出 2 倍以上。口感甜香、爽口,适于切片鲜食,每 667 米^{2}产量达 5 000 千克以上。栽培要点:因本品种耐寒不耐热,应加强温度管理。温室栽培适宜苗龄 30 天左右,大棚栽培苗龄 45～50 天。每 667 米^2 基本苗数 4 000～4 500 株。

12. 锦丰 2 号 辽宁省锦州农业新技术开发服务部繁育。该品种生长势极旺,叶片小,光合系数高,极耐低温和弱光,短期可耐 5℃ 左右的低温。第一雌花出现于 2～3 节,节成性好,主蔓结瓜,节节有瓜。瓜色深绿,刺瘤中等,瓜条顺直,长 35～40 厘米,瓜把极短,无黄头,单瓜重约 300 克。瓜肉绿色,风味佳,商品性好,耐贮运。抗各种叶部病害,不早衰,较抗土传病害。产量 10 000～15 000 千克/667 米^2。适合冬季温室和早春大棚栽培。

13. 中农 5 号 中国农业科学院蔬菜花卉研究所育成的早熟雌型杂种一代。特征特性:植株生长速度快,主蔓结瓜为主,回头瓜多,第一雌花始于主蔓 2～3 节,其后连续雌花。雌性强,雌株率 90% 以上,结瓜早而集中,瓜条发育速度快,耐低温,早熟性强。瓜长棒形,瓜色深绿,瘤小刺密,白刺,瓜长 22～32 厘米,横径约 3 厘米,瓜把短,单瓜重 100～150 克,果实清香,瓜条商品性好。抗疫病、枯萎病、细菌性角斑病、黄瓜花叶病毒病及西葫芦花叶病毒病,耐霜霉病。平均每 667 米^2 产量 6 200 千克,高产的达 9 000 千克以上,是保护地栽培专用新品种,适宜春大棚、日光温室和春温室栽培。

14. 中农 21 号 中国农业科学院蔬菜花卉研究所育成的日光温室越冬专用品种。生长势强,主蔓结瓜为主,第一雌花始于主蔓 4～6 节。早熟性好,从播种到始收 55

天左右。瓜长棒形,瓜色深绿,瘤小,白刺,刺密,瓜长35厘米左右,瓜粗3厘米左右,单瓜重约200克,商品瓜率高。抗枯萎病、黑星病、细菌性角斑病、白粉病等病害。耐低温弱光能力强,在夜间10℃～12℃条件下植株能正常生长发育。适宜长季节栽培,周年生产每667米^{2}产量可达10 000千克以上。

15. 中农202　中国农业科学院蔬菜花卉研究所育成的全雌型极早熟、优质、丰产、抗病黄瓜一代杂种,属于保护地专用品种。植株无限生长型,生长势强,生长速度快,主蔓连续结瓜。瓜为长棒形,瓜把短,条直,瓜皮深绿色、有光泽,瓜表面无棱,瓜顶无黄色条纹,白刺,刺瘤小,稀密中等。瓜长35厘米左右,横径4厘米左右,单瓜重150克左右。肉厚、腔小、质脆、味微甜,商品性好。第一雌花节位2～3节,早期膨瓜速度较快,熟性极早,从播种到第一次采收需55天左右。抗白粉病、霜霉病和枯萎病等。适于华北、东北、西北、华东以及西南地区的春大棚、小棚、温室、日光温室等保护地栽培。

16. 津春3号　天津市农业科学院黄瓜研究所育成。植株生长势强,分枝性中等,较适宜密植。以主蔓结瓜为主,单性结实能力强。腰瓜长30厘米左右,棒状,单瓜重200克左右。瓜绿色,刺瘤适中,白刺,有棱,瓜把较短,瓜条顺直,风味较佳。一般每667米^{2}产量5 000千克以上。从播种至始收需50天左右。丰产性好,抗霜霉病、白粉病,耐低温弱光,适宜越冬日光温室栽培。

17. 北京 102 北京市农林科学院蔬菜研究中心繁育,是欧亚杂交型品种。北京 102 兼具欧亚温室品种的特点,耐低温弱光,冬季在夜温不低于 8℃ 的日光温室中生长很好。该品种生长势强,在华北地区秋季播种(通常在 9 月下旬至 10 月上旬),越冬后可持续生长结果至翌年 7 月份,采收期长达 8 个月左右。在华北地区日光温室生产条件下每 667 米² 产量 8 000～10 000 千克,高产者可达 15 000 千克。对霜霉病、白粉病等主要病害的田间抗病性明显优于新泰密刺等品种。第一雌花节位 4～5 节,此后连续出现雌花,以主蔓结瓜为主,瓜长 25～30 厘米,横径 3～4 厘米,瓜把短,瓜色深绿,无明显黄线,刺瘤小,中等密度,商品瓜率高,品质优良。

18. 鲁黄瓜 10 号 山东省农业科学院蔬菜研究所育成的一代杂交种。该品种主要特点是:植株生长旺盛,以主蔓结瓜为主。结瓜早,第一雌花着生于主蔓 2～4 节,雌花率高,早熟,抗病,丰产。商品瓜为棒状,长约 25 厘米,粗细均匀,刺瘤白色,疏密适中,瓜皮绿,无黄色条纹或斑点。生长势强,品质优良。耐低温,在短时 5℃～8℃ 的低温下生长安全。产量较新泰密刺增产 10% 以上。对霜霉病、白粉病的抗性优于新泰密刺。适于冬暖型大棚越冬茬栽培。

19. 鲁蔬 21 号 山东省农业科学院蔬菜研究所培育的高产抗病黄瓜品种,具有耐低温、耐弱光、结瓜早、产量高、瓜条直、瓜把短、长势强、高抗病等特点,是冬春茬栽培的专用品种。该品种可以在温室内最低温度5℃时正常生长发育,短时0℃低温不会造成植株死亡。在连续阴雨10天、平均光照强度不足6 000勒时仍能正常结瓜。瓜码较密,雌花节率在50%以上,化瓜率低。连续结瓜能力强,有的节位可以同时或顺序结2~3条瓜。克服了其他品种生长势偏弱,易早衰,容易出现"花打顶"的缺点。瓜条长30厘米左右,瓜把较短,在4厘米以内。瓜条刺密,棱瘤明显,便于长途运输。此外,该品种畸形瓜少,质脆,味甜,品质优,生长势强,叶片较大,光合产物积累多。因此,无论在冬季或春季长势明显比其他品种强,越冬栽培无早衰现象。该品种高抗枯萎病,抗霜霉病、白粉病和细菌性角斑病。适宜冬季温室及早春大棚栽培。

20. 豫艺新世纪 河南农业大学林学园艺学院和河南豫艺种业科技发展有限公司培育而成。适宜日光温室越冬茬、冬春茬、塑料大棚早春茬等栽培。该品种生长势较强,耐低温弱光,叶深绿色,主蔓结瓜为主,每667米²产量可达8 500千克。苗期出叶速度快,第一雌花着生于2~4节上,每隔2~3节开1朵雌花。瓜长棒形,长30厘米左右。瓜把短,为瓜长的1/7。瓜皮深绿色,无棱,瘤小,刺密,外观品质佳。脆甜无苦涩味,品质好。抗枯萎病、疫病、白粉病、炭疽病,较抗霜霉病。适合华东、东北、西北、华中等地种植。

21. 绿衣天使 山东省农业科学院蔬菜研究所育成的国家"九五"攻关新成果,是适合日光温室种植的华南型少刺黄瓜新品种。该品种生长旺盛,分枝性强。成株叶为掌状五角形,近似五边形,中央角不突出,无裂叶。瓜形美观,皮色翠绿均匀,有光泽,刺白色稀少,无刺瘤,瓜把短,瓜长 20 厘米左右,瓜条顺直,粗细均匀,整齐性好,适合超市销售;品质优,种腔小,质地脆嫩,味甘甜,清香浓郁,适合生食;抗逆性好,耐低温弱光,不易花打顶,春季恢复生长速度快,较抗枯萎病、霜霉病、白粉病;产量高,主蔓结瓜为主,侧蔓结瓜能力也较强,主蔓 10 节以上便可连续出现雌花,有一节多瓜现象,每 667 米^2 产量可达 10 000 千克以上。山东地区于 9 月 20 日左右播种,采用嫁接育苗方式,每 667 米^2 定植 3 500～4 000 株为宜。

22. 好运 1 号　从韩国引进的一代杂交早熟品种。具有双亲抗性,抗枯萎病、霜霉病和白粉病,有良好的稳定性。该品种植株紧凑,长势强、茎粗壮、节间短、叶片中等、深绿色,以主蔓结瓜为主,第一雌花着生于 2～4 节,瓜码密,且有回头瓜。瓜条顺直,瓜把短,刺密,深绿色,腰瓜长 35 厘米左右,商品性好。耐弱光、耐低温,在 9℃～12℃低温下能正常生长。产量高,最高每 667 米^2 可达 25 000 多千克,是保护地最理想的栽培品种。最适宜北方地区大棚、温室栽培。育苗要用大温差管理,苗龄 35 天左右,注意合理使用植物生长调节剂如乙烯利或增瓜灵等,严禁干旱蹲苗。嫁接育苗,每 667 米^2 保苗 4 000 株左右,施足基肥,多施有机肥,结瓜期要及时追肥,预防病虫害发生。严冬季节防止一次性浇水过多,以免降低地温、造成冻害,棚内温度最低要保持在 7℃ 以上,及时摘除根瓜。

23. 中研 108　北京中研惠农种业有限公司育成的杂交一代越冬温室黄瓜品种。该品种植株旺盛,回头瓜多,产量极高,栽培得当每 667 米^2 产量超过 21 000 千克;瓜长 35 厘米左右,瓜条顺直,瓜色深绿且有光泽,短把密刺,果肉浅绿色,口感好;高抗霜霉病、枯萎病、白粉病等黄瓜几大病害,适合日光温室栽培。适时播种,采用促控结合的方法培育壮苗,多年重茬地块可采用嫁接育苗法。高畦栽培,每 667 米^2 保苗 3 000～3 500 株。定植前施足基肥,定植后及时供应水肥且注意均匀喷施。根瓜及时采收,以免坠秧,影响上部生长。提前喷药预防病虫害。

24. 博览特　从美国引进的 KH-8 与荷兰 RZ-5 杂交组合的温室大棚专用品种。经全国各地区域试验,表现突出,与国内品种相比有以下特点:极耐弱光低温,叶片较小、厚实,叶柄粗,不易花打顶,膨大快,连续坐瓜率高。第一雌花着生于 3～4 节,顶花带刺,瓜条顺直,瓜把短,瓜条长 36～38 厘米,颜色深绿,无花头,粗细均匀,果肉淡绿色,清香可口。每 667 米^2 产量可达 15 000～20 000 千克。适合日光温室及春暖大棚栽培。

(二)迷你黄瓜新优品种

1. 京研迷你 2 号　北京市农林科学院蔬菜研究中心育成。由于在选育过程中进行了临界低温适应性的选择,提高了其对低温的耐受性,并兼具对弱光、高温的耐受性。该品种生长势旺盛,侧枝丰富,早熟性佳,连续坐瓜性强,结瓜数多,早期产量较高,后期回头瓜多,丰产性极好。该品种为全雌性,单性结实能力强,每节1～2条瓜,坐果率高,瓜长12～14厘米,横径约2.6厘米,瓜圆柱形,瓜皮绿色,光泽好,着色均匀,表面光滑,稍有棱,刺毛极少,商品瓜整齐度高。瓜形指数5～5.5,单瓜重50～60克,瓜肉厚度0.75～0.80厘米,心室小,无明显刺瘤,适口性好,口感脆嫩、清香略甜。商品品质和食用品质均佳。抗霜霉病、白粉病和枯萎病,但与同类型品种一样,对西瓜花叶病毒病、西葫芦黄化花叶病毒病等主要病害缺乏抗性。特别适宜作为长季节栽培,生育期长达7个月,温室越冬不易化瓜,畸形瓜率低,适合全国各地保护地种植。

2. 京研迷你4号 北京市农林科学院蔬菜研究中心育成的越冬专用型品种。该品种早熟。植株生长势强,叶片近心形,绿色,第一雌花位于2～3节。瓜条短棒状,比迷你2号略长,13～15厘米,亮绿,有光泽,顺直无刺,品质佳,商品性好,耐寒,耐弱光性好,要求夜温不低于8℃,抗逆性强,平均单瓜重74克,每667米^{2}产量3 000千克左右。

3. 春光2号 是中国农业大学利用多个荷兰日光温室型黄瓜材料及我国华北系春黄瓜种质资源,选育成功的新型无刺黄瓜。该品种植株生长健壮,叶片大小适中,主蔓结瓜为主,强雌型(雌花节率 60%~70%),可多条瓜同时生长。瓜棒状,皮色亮绿,瓜长 20~22 厘米,横径 4~5 厘米,单瓜重 120 克左右,瓜条顺直,瓜肉厚,皮薄,种腔小(小于横径的 1/3),质地脆嫩,口感香甜,果面光滑无刺或略有隐刺(在温度过低、瓜条发育速度慢的情况下,隐刺较为明显,这可能与遗传背景、环境因素有关)。低温生长性能好,耐低温弱光,能在 12℃~16℃偏低夜温下生长,对保护地主要病害枯萎病、细菌性角斑病、霜霉病、黑星病等具有较强抗性,适于秋冬茬、冬春茬保护地栽培。

4. 新世纪　青岛市农业科学院蔬菜研究所育成。该品种长势强,侧枝多,强雌型,坐瓜能力强,从 2~3 节起节节有瓜,并且多数有 2~3 个瓜胎。瓜条生长速度快,单性结实能力强,主、侧蔓同时结瓜。瓜条顺直,短圆筒形,瓜皮绿色,瓜表面光滑无棱沟,刺稀少且极小。瓜长约 19 厘米,横径约 2.8 厘米,单瓜重 100 克左右,产量高,每 667 米^2 产量在 10 000 千克以上;风味好,品质优,耐贮运,适合超市销售或出口;属中熟品种,耐低温弱光,抗病性强,抗枯萎病,较抗霜霉病、白粉病、细菌性角斑病。适合春、秋保护地栽培。

5. 津绿瑞美　天津市绿丰园艺新技术开发有限公司育成。该品种早熟性好,从播种到采收 50 天左右。主要特性:丰产性好,植株生长势强,主、侧蔓均能结瓜,强雌型,雌花节率高,一节一瓜,或一节 2~3 瓜。越冬栽培每 667 米^{2}产量 10 000 千克以上,春棚栽培每 667 米^{2}产量 7 500 千克以上。抗病性强,抗霜霉病、白粉病、枯萎病和细菌性角斑病。商品性好,果实长圆柱形,瓜绿色,果皮稍有皱,刺极少,瓜长 12～15 厘米,横径 2.5 厘米左右,单瓜重 60～80 克,口味清香可口,适合全国各地温室栽培。

6. 京乐 5 号 北京农乐蔬菜研究中心育成。该品种植株长势强,分枝多,节间短,叶片较大,全雌性,以主蔓结瓜为主,节节有瓜,一节多瓜。果实表面光滑,亮绿色,带棱,有光泽,商品瓜长 16～22 厘米,横径 2.5～3 厘米,单瓜重 80～100 克,肉厚,腔小,质脆嫩,清香,微甜,适生食,商品性优良,是理想的无刺黄瓜。单株产量 3～5 千克,每 667 米^{2}产量 10 000～15 000 千克。较早熟,从出苗至采收 55～60 天,耐低温弱光能力强,较耐霜霉病、白粉病和枯萎病,抗细菌性角斑病、黑星病等病害。适合秋冬茬、早春保护地及露地种植。

7. 绿秀 1 号 甘肃省农业科学院蔬菜研究所育成。雌型杂交种,长势中等,第一雌花着生于主蔓 1～2 节,其后节节有雌花,连续结瓜能力强。瓜条短圆筒形,皮色绿有光泽,瓜面光滑,无花纹;瓜条长度 13.5 厘米左右,横径 2.5～2.8 厘米,单瓜重约 99.7 克,畸形瓜率小于 5%。口感脆甜,肉质细。含可溶性总糖约 1.99%,维生素 C 约 14.6 毫克/100 克。苗期中抗黄瓜霜霉病和白粉病。适宜日光温室和春大棚栽培。不可用乙烯利和增瓜灵处理植株,否则严重抑制生长,造成减产。

8. 哈研 2186　哈尔滨市农业科学院育成。系纯雌型杂交一代黄瓜品种。雌花分化从第一节开始,第三节开始结瓜。该品种生长势强,节间短,叶型中等大小,叶片上倾,叶色浓绿,为高光效类型。瓜条短棒状,瓜长 15厘米左右,横径 2.5 厘米左右,皮深绿色,有光泽,肉绿色,种腔小,品质佳,商品性好;连续挂果能力强,不需授粉也能正常结瓜,可连续坐瓜 5～8 个,极少出现畸形瓜;耐低温弱光,既能够适应北方早春保护地的低温弱光,又能适应南方露地的高温干旱。抗霜霉病、细菌性角斑病、白粉病、枯萎病、花叶病毒病等多种病害。

9. 中农 15 号　中国农业科学院蔬菜花卉研究所培育。长势强,主蔓结瓜为主,第一雌花始于主蔓 3～4 节,瓜码密。瓜色深绿一致,瓜长 20 厘米左右,单瓜重约 100克,质地脆嫩,味甜。每 667 米^2 产量可达 7 000 千克以上。抗霜霉病、白粉病、枯萎病、黑星病等多种病害,具有较强的耐低温、弱光能力。适宜越冬日光温室长季节栽培,也可在春秋保护地栽培。

10. 中农 19 号　中国农业科学院蔬菜花卉研究所育成的雌型杂种一代。该品种长势和分枝性极强,顶端优势突出,节间短粗。第一雌花始于主蔓 1～2 节,其后节节为雌花,连续坐果能力强。瓜短筒形,瓜色亮绿一致,无花纹,果面光滑,易清洗。瓜长 15～20 厘米,单瓜重约100 克,口感脆甜,不含苦味素,富含维生素和矿物质。丰产,每 667 米² 产量最高可达 10 000 千克以上。抗枯萎病、黑星病、霜霉病和白粉病等。具有很强的耐低温弱光能力。适宜越冬日光温室、春棚、春茬日光温室栽培。

11. 拉迪特　从荷兰瑞克斯旺有限公司引进。生长势中等,叶片小,淡绿色。适合早春和秋延后日光温室和大棚栽培。全雌型,节成性好,每节 3～4 个瓜,产量高。瓜长 12～18 厘米,瓜条直,表面光滑,味道鲜美。耐高温和霜霉病,抗黄瓜花叶病毒病、白粉病。采用嫁接育苗,用黑籽南瓜作砧木,亲和性好,可以增强黄瓜耐寒和耐高温性。选用采光好、保温好、严冬最低温度不低于 12℃ 的棚室栽培。

12. HA-454　从以色列海泽拉种子公司引进,中文名"萨瑞格"。该品种属早熟杂交一代品种,无限生长型,植株生长旺盛,主蔓每节有 2 个以上雌花,每节一般可留 2 个瓜,瓜长 14～16 厘米,单瓜重 80～100 克,在低温下坐瓜能力强,单株产量可达 3～5 千克,较耐白粉病。瓜条顺直,光滑无刺,圆柱形,果实暗绿色,肉厚质脆清甜,口味佳,适宜在超市、宾馆作水果销售。

13. 戴多星　从荷兰瑞克斯旺公司引进。生长势中等,生产期长,每节 1～2 个瓜。瓜型短小,心室占 50% 左右,品质好,味道好,综合表现最佳。瓜墨绿色,微有棱,长度 16～18 厘米,横径为 2～3 厘米,抗黄瓜花叶病毒病、黄脉纹病毒病、疮痂病、霜霉病和白粉病。适合夏季、秋季、早春日光温室和大棚种植。生长适温为白天 25℃～

32℃,夜间 14℃～16℃,10℃左右的昼夜温差有利于生长,瓜长 12～13 厘米及时采收。

14. 冬之光 22-36　从荷兰瑞克斯旺公司引进。该品种耐寒性好,适合早春、早秋和秋冬日光温室栽培。产量高,孤雌生殖。瓜长 16～18 厘米,表面光滑,味道鲜美。抗黄瓜花叶病毒病、白粉病和疮痂病。定植密度为每 667 米^2 1 800～2 200 株。定植 1 周内,白天 25℃～30℃,夜间 18℃～20℃,不超过 30℃不通风。缓苗后要降低温度,白天 22℃～28℃,夜间 16℃～18℃。该品种耐低温弱光性较强,冬季寒冷、弱光情况下,仍能获得较高的产量。收获时根据市场需要适时采收,一般要求长度 12～16 厘米。

15. 康德　从荷兰瑞克斯旺公司引进。长势旺盛,茎直径 0.7～0.8 厘米,主茎第七节开始坐瓜,节间长约 8.2 厘米,叶色深绿,叶片大,单性结实好,每节 1～2 个瓜。瓜长 12～14 厘米,果形指数约为 5,瓜皮深绿,表面光滑,刺瘤少,种腔小,肉厚 1 厘米左右,单瓜重约 85 克,瓜皮较厚,耐贮运,适合出口;耐弱光性强,耐霜霉病,高抗白粉病,耐寒性好,适合早春、秋冬、越冬日光温室栽培。

16. 卡斯特　从荷兰瑞克斯旺公司引进。主蔓结瓜为主,生长势中等,分枝性弱,2～3 节分枝;横径 0.7～0.8 厘米,主茎 6～7 节开始坐瓜,节间约 8 厘米。叶片较小,叶色浅,单性结实性好,每节着生多朵雌花,坐 1～2 条瓜,产量高。瓜长 13～15 厘米,果形指数为 5.2,皮色较浅,表皮光滑,种腔小,肉厚约 0.9 厘米,味道鲜美。单瓜重 70～75 克,每 667 米² 产量 3 000～3 500 千克。畸形瓜少,商品率高,货架期寿命长。耐寒性强,适合秋延后、越冬日光温室栽培。耐霜霉病,抗白粉病和疮痂病。

17. MK160 荷兰德澳特种业集团公司培育。该品种生长势中等,膨瓜速度快,产量高,耐热性好,瓜长 15～17 厘米,表面光滑,瓜条好、光泽度好,耐黄瓜花叶病毒病、黑星病和白粉病。特别适合日光温室及拱棚早春、越夏、秋延后栽培。

18. MK161 荷兰德澳特种业集团公司培育。该品种植株生长势中等,叶片小,生长期长,适应性广。植株为标准雌性系,每节 1～2 个瓜,果实深绿色,光滑无刺。瓜条顺直,均匀整齐,瓜长 16～18 厘米。膨瓜速度快,产量极高,耐低温性强,抗黄瓜花叶病毒病、霜霉病、白粉病。适合越冬日光温室栽培。

19. 油瓜 6075 荷兰德澳特种业集团公司培育。该品种植株生长旺盛,耐寒性好,叶片小,生长期长,适应性广,植株为标准雌型系,每节 1～2 个瓜,果实深绿色,微浅棱,光滑无刺。瓜条顺直,整齐均匀,在正常栽培条件下,既可采收 16～18 厘米小黄瓜,又可采收 20～28 厘米油瓜,综合效益高。膨瓜速度快,瓜肉厚,产量高,耐黄瓜花叶病毒病。适合保护地早春、秋延后栽培。

20. 绿园 40 辽宁省农业科学院园艺研究所育成。植株生长势中强,节间长约 10 厘米,叶片中等大小,叶片平展,呈心脏五角形。早熟,第一雌花节位3节,纯雌型,丰产潜力大,外皮绿色,瓜肉绿色,无刺毛,微棱,瓜长约16.2厘米,横径约2.7厘米,心室数3,商品率高,整齐度好,瓜长标准差不大于3厘米,品质佳,耐低温弱光,抗细菌性角斑病、黑星病,中抗病毒病,产量与国外同类型品种相当,春棚栽培,平均每667米^{2}产量5 000千克。商品性状好,产品价格较高,无刺瘤,易于洗涤,商品性状符合欧美市场需求,适于出口。适宜春茬日光温室、春秋大棚栽培。

21. 小天使2号 山东省农业科学院蔬菜研究所育成。适宜早春栽培或日光温室越冬栽培,植株生长势强,全雌系,每节着生2~3朵雌花,连续结瓜能力强。瓜条顺直,亮绿无刺,瓜长15~18厘米,横径3~3.5厘米,单瓜重150~180克,品味好,适合生食,较耐低温弱光,抗黄瓜花叶病毒病和白粉病,越冬栽培于9月下旬播种,嫁接育苗,12月份开始采收,春节前后达到采收高峰,每667米^{2}产量5 000千克左右。

22. 津美3号 天津科润黄瓜研究所育成。该品种植株生长势强,茎粗壮,叶色深绿,抗白粉病、霜霉病和枯萎病等病害,耐低温弱光能力强,全雌,单性结实能力强。瓜长13~15厘米,果面光滑,果色亮绿,种腔小,果实清香可口。连续结瓜能力强,适合越冬和早春日光温室栽培,每667米^{2}产量可达7 000千克以上。

23. 世纪春天1号 长春富民农业科技有限公司选

育的水果型雌型杂交种。从出苗到采收 55～60 天,连续坐果能力强,瓜色亮绿,果面光滑。瓜长 15 厘米左右,口感脆甜,富含维生素和矿物质。抗枯萎病、黑星病、霜霉病和白粉病等。耐低温弱光能力强,适宜越冬日光温室及春、秋保护地栽培,每 667 米^2 产量可达 10 000 千克以上。

24. 世纪春天 5 号 长春富民农业科技有限公司选育的水果型雌型杂交种。从出苗到采收 55～60 天,连续坐果能力强,分枝多,节间短,高产,抗寒,瓜色亮绿,果面光滑,瓜长 15～18 厘米,口感脆甜,富含维生素和矿物质。抗枯萎病、黑星病、霜霉病和白粉病等。耐低温弱光能力强。适宜越冬茬日光温室及春、秋保护地栽培。

25. 吉杂迷你黄瓜 吉林省蔬菜花卉科学研究所选育。该品种植株生长势强,以主蔓结瓜为主,全株雌型,节成性强,结瓜数多,果实商品性状优良,短棒状,瓜长 14～16 厘米,单瓜重 50～80 克,果腔小,果皮深绿色,有光泽,品质好,无刺、无棱,无果粉,果实整齐一致,品质好,肉质细脆,微甜有香气。从播种到采收 50 天左右,收获期长,产量高,每 667 米^2 产量达 6 200 千克。对霜霉病、白粉病、细菌性角斑病有一定的抗性,适宜春、秋大棚和日光温室栽培,生长期间应注意预防枯萎病、病毒病和蚜虫。

(三)嫁接砧木新优品种

良好的砧木首先必须具备与接穗有较好的嫁接亲和

力,其次是根据不同的嫁接目的选用具有特殊性状的砧木。适于嫁接黄瓜的砧木很多,如中国南瓜、丝瓜、瓠瓜、葫芦、棘瓜等,但多数种类对黄瓜品质影响较大,且亲和性差。根据各地近几年的试验证明,黑籽南瓜、中国南瓜、日本杂交南瓜等抗病力强、耐低温、与黄瓜亲和性良好,嫁接后能使黄瓜早熟、丰产,并对黄瓜品质没有明显的不良影响,适于黄瓜嫁接使用。目前,常用的砧木是云南黑籽南瓜和白(黄)籽南瓜。黑籽南瓜在低温条件下亲和力较高,宜用于早春嫁接;白籽南瓜在高温条件下亲和力较高,适于夏秋黄瓜的嫁接;用白(黄)籽南瓜嫁接小黄瓜后,果面蜡粉少,色泽鲜亮,商品性好。但是近几年生产中表现以上品种嫁接后,对根结线虫的抗性明显不足。据试验,棘瓜嫁接黄瓜后对根结线虫抗性效果好,但是因其属恶性杂草尚未应用于生产。对根结线虫病抗性较好的砧木品种有待于进一步开发。

1. 黑籽南瓜　产于云南,根系强大,分枝性强,籽黑色,千粒重 250 克左右。黑籽南瓜对日照要求严格,日照在 13 小时以上的地区或季节,不形成花芽或有花蕾而不能开花坐果。生长要求较低的温度,较高的地温条件生长发育不良。用黑籽南瓜嫁接黄瓜,亲和力强,植株的根系发达,耐低温、耐不良土壤环境的能力强。嫁接黄瓜果实能保持原来的黄瓜清香味,无异味。对瓜类枯萎病具有高抗性,对疫病、炭疽病也有一定的抗性。是冬暖型日光温室越冬栽培、早春黄瓜嫁接栽培最为理想的砧木。

2. 南砧 1 号　辽宁省熊岳农业学校培育的嫁接黄瓜砧木。南砧 1 号与黄瓜亲和力强,嫁接苗极易成活,是比较优良的砧木。嫁接后的黄瓜植株生长旺盛,高产、抗病。缺点是遇高温时,嫁接黄瓜的果实较易产生南瓜异味。可在冬暖型温室、冬春茬黄瓜栽培中应用。

3. 火凤凰　从日本引进的黄籽南瓜,长势较强,根系庞大,耐短时极端低温侵害,抗病力强,与黄瓜品种亲和力高,茎粗比相当,便于嫁接操作。嫁接后黄瓜表面蜡粉少,观感好,适于越冬保护地和露地黄瓜栽培。

4. 新土佐　由日本引进,是笋瓜和中国南瓜的杂交种,普遍用于春、夏季栽培的黄瓜嫁接砧木。主要性状为生长强健,分枝性强,吸肥力强,耐热,植株茎细,抗枯萎病,但高温下易感染病毒病,嫁接亲和力、共生亲和力好,嫁接植株不易发生急性凋萎,低温根系伸展性强,能促进早熟、提高产量,对果实品质无不良影响。也可作西瓜、甜瓜砧木。

第四章 黄瓜设施创新栽培技术

一、日光温室黄瓜栽培技术

（一）育苗技术

壮苗是丰产的基础。育苗的目的，就是通过应用各种农艺措施，根据黄瓜苗期生长发育的特点，满足其对生长发育环境条件的要求，为生产上提供数量充足、质量可靠、生产性能优良的秧苗。优质的秧苗必须整齐一致，对定植本田以后的环境条件有良好的适应性，能够获得优质、早产、高产。

1. 黄瓜的育苗特点 日光温室黄瓜在育苗过程中有以下技术特点。

（1）高温季节育苗，成苗速度较快 一般在 8～9 月份开始育苗，而此时正值北方高温多雨季节，种子播种后出苗迅速。随着幼苗的生长，气温逐渐降低，9 月中旬以后须搭建小拱棚等设施育苗。

（2）秋季育苗时秧苗易遭受病虫危害 8 月份以后随着大田作物及露地蔬菜的采收和拉秧，螨类、蚜虫、温室白粉虱、蓟马等害虫大量向苗床迁移，造成苗期危害并传播病毒病。加之秋后病原菌数量大、种类多,如管理不善会造成各种病害侵袭,轻者降低秧苗质量,重者造成育苗失败。

(3)早春育苗正值低温期,育苗难度大,应注意棚室保温,必要时须加温 由于此时温度低,棚室通风时间短,湿度大,极易发生低温性病害及生理障碍,应加强温度与水肥管理,预防各种病害的发生,确保育苗质量。

2. 黄瓜的花芽分化规律 黄瓜幼苗期花芽分化的突出特点是花芽分化早,一般从黄瓜播种 10 天后,第一片真叶展开时,生长点已分化 12 节,但性型未定;当第二片真叶展开时,叶芽已分化 14～16 节,同时第三至第五节花的性型已决定;到第七片叶展开时,26 节叶芽已分化;花芽分化到 23 节时,16 节花芽性型已定。雌花出现的节位与数目,和外界环境条件密切相关。花芽分化初期为两性花,以后由于条件的变化则有雌雄之别。当条件有利于雌花发育时,雄蕊发育停止,雌蕊发育形成雌花;反之,则形成雄花。黄瓜花芽分化时,应保持白天温度在25℃左右,以利于光合作用的进行,通常 13℃～15℃的低夜温和 8 小时左右的短日照有利于雌花分化,不但雌花数多,着花节位也低;较高的空气湿度、土壤含水量、土壤有机质含量和二氧化碳浓度等均有利于雌花分化;苗床土肥沃,氮、磷、钾配合适当,多施磷肥,可降低雌花节位,多形成雌花;而钾肥能促进形成雄花,不能多施,要适量。此外,花的性型受激素控制,乙烯利多增加雌花,赤霉素多增加雄花。在生产实践中,掌握幼苗期生长发育规律,培育黄瓜壮苗至关重要,只要利用得好,就可早熟增产,获得更高的经济效益。

3. 黄瓜育苗的壮苗指标　黄瓜的壮苗标准是:幼苗节间短,茎粗壮,刺毛较硬,茎横径在 0.6～0.8 厘米之间,株高 10 厘米以内,叶片平展,肥厚,颜色深绿,达 3 叶 1 心或 4 叶 1 心;子叶完好、肥胖、具光泽;根系发达,白色;无病虫害;一般日历苗龄 30～40 天。定植后具有缓苗和发根快、抗寒性强、雌花多且节位低、早熟、丰产等特点。

温室嫁接黄瓜的苗龄不宜过长,否则定植时伤根太重,容易造成植株早衰。通过近年来的高产典型经验看,无论是自根苗,还是嫁接苗,苗龄都不宜过长。适宜苗龄均在 30～35 天为宜,其生育指标是 3 叶 1 心或 4 叶 1 心。生产实践已经证明的经验是:黄瓜定植时,苗龄越小,生产效益越好。

4. 营养钵育苗技术　黄瓜营养钵育苗成本低廉、操作简单、便于管理,秧苗质量高,定植时不伤根系,定植后发根活棵快,适合农户分散育苗,是目前生产上最常用的育苗方式。

(1)营养钵育苗对设施条件的要求　夏秋育苗可选择塑料大棚或日光温室,覆盖 30 目以上防虫网,最好预备遮阳率 30%～75% 的遮阳网遮阴。冬春育苗宜在日光温室中进行,并搭建小拱棚。规模育苗时最好配备热风炉、电热线等辅助加温设施。

(2)苗床准备

①营养土的要求 床土是育苗的基础。优良的床土必需营养充分,保水性、保肥性及透气性良好,结构稳定,在育苗期内床土结构不发生明显的物理及化学变化,不携带病虫源。床土中不含有对植物生长和人体发育有害的物质。

适宜黄瓜秧苗生长的理想床土,其土壤三相比一般为:固相 5%~25%,液相 25%~30%,气相 35%~50%,充分浇水后水分容积 35%~50%,空气容积 10%~20%。床土有机质含量要高,以降低土壤容重,增加孔隙度,并充分持久地提供植物生长所必需的营养元素。

②营养土的配制 育苗床土由三部分构成:原土、有机质及其他添加物。用于制作苗床土的原土应为沙壤土或壤土,忌用黏重土壤。原土以麦茬、豆茬、葱蒜茬作物5~25 厘米的表土最好,也可用果园土壤,最好不用菜田土及荒山表土。

有机质包括土杂肥、粪肥、锯木屑、腐叶及各种作物秸秆、麦衣、稻壳、酒厂和糖厂废渣等。各种有机质在使用前必须经过堆制,经完全腐熟后才能正常使用。农家肥以马粪、驴粪、牛粪最好,其次为猪粪、鸡粪等,最好不用羊粪和人粪尿。各种农家肥须经一个夏天的腐熟后才能使用。

原土与有机肥混合比例为 2~3:1(体积比),混匀后过筛,筛目孔径不大于 1.5 厘米。

为避免苗期病虫害发生,床土中还需加入一定量的杀虫剂及杀菌剂。每平方米床土推荐用药量为50%辛硫磷乳油150毫升+95%敌磺钠可溶性粉剂100克。先将农药用5~8升清水充分溶解,再均匀喷入床土。

敌磺钠见光易分解,因此在拌入时要避免见光。拌匀后的床土应松散,含水量适中,堆成尖堆,外盖一层塑料膜保存。床土在堆置15天以后方可使用。拌入敌磺钠的床土不可立即使用,以免产生药害。

③苗床的制作　苗床应选在背风向阳、地势较高、水源便利、管理方便的地方,最好不在定植本田内做苗床,以免影响定植及定植后生长。苗床宽1~1.2米、长5~8米。苗床底面应完全水平,压实后浇1次透水。四周畦埂高15~20厘米、宽20~30厘米。

推荐使用8厘米×8厘米或10厘米×10厘米的黑色塑料营养钵。装钵时床土以装至钵口为宜,每钵装入量及松紧度应均匀一致。

(3)种子处理与催芽

①种子处理　种子处理的目的在于杀灭种子表面及内部携带的病原菌及虫源,提高发芽率,加快出苗速度,减轻苗期病虫危害。生产上常用的种子处理方法有以下几种:

种子包衣:经过包衣处理的种子只能干籽直播,不能催芽或进行其他处理。种子包衣由专门的种子加工机构进行专门加工。

磷酸三钠溶液浸种:先将种子用清水浸泡1～2小时,再用20℃条件下10%磷酸三钠溶液浸种20～30分钟,用清水反复冲洗后进行催芽处理。

高锰酸钾溶液浸种:用0.2%高锰酸钾溶液浸种20分钟后用清水反复冲洗数次,再进行催芽处理。

甲醛溶液浸种:用40%甲醛100倍液浸种30分钟后用清水冲洗数次,捞出沥干水分后进行催芽处理。

温汤浸种:干燥的种子在55℃左右的温水中浸泡并充分搅拌至水温降至30℃以下。

干热处理:保温箱40℃预处理1天,再用72℃处理3天,并不影响发芽率。

经过以上处理的种子可直接播种,也可经进一步浸种后播种,也可在催芽后再行播种。常温下黄瓜浸种4～6小时,南瓜浸种8～10小时。

沼液浸种:沼液中除含有氮、磷、钾外,还含有种子萌发和发育所需要的大量氨基酸、B族维生素及各种水解酶、生长素和对病虫害有抑制作用的物质及因子。因此,通过沼液浸种可实现幼苗"胎里壮",提高抗病、抗虫和抗逆能力,为高产奠定基础。在浸种前,应将种子充分晒干,以提高种子的吸水能力,并杀灭部分病菌,然后将晒干的种子装入纱布袋中,扎紧袋口,投入已正常使用50天以上沼气池稀释10倍的沼液中。实践证明:在15℃～18℃情况下,黄瓜种子浸泡2～4小时为宜。浸种后,取出种子袋,用清水洗净,然后把种子摊开,待种子表面水分晾干后即可进行催芽播种。

②催芽　黄瓜种子在恒温黑暗条件下催芽,催芽温度28℃～30℃,24～36小时即可露白出芽。高温季节种子也可不经催芽而直接播种。砧木种子在恒温黑暗条件下催芽,催芽温度28℃～30℃,60%种子露白即可播种。

(4)播种　根据天气预报选择在冷尾暖头有连续晴天的上午播种。播前给苗床装入配好的营养土,刮平,厚度8～10厘米,浇足底水,铺膜升温。地温达到25℃后播种,将出芽的黄瓜种子以3厘米的间距均匀撒播在苗床上,再均匀覆盖1厘米厚的细营养土,用清水将覆盖土喷湿,盖地膜保温保湿。播后在床土5厘米深处插一温度计,随时观察地温。苗床上方用竹竿、竹板或8#钢丝搭建小拱棚。拱高80厘米,底宽1.4米,拱杆距离80厘米,脊部和两侧分别用小竹竿纵向固定。小拱棚上覆盖幅宽2.2米、30目的防虫网,周围用土压严、压实,防止害虫进入。低温育苗时在床面上覆盖一层地膜,温度仍然不足时在防虫网上加盖幅宽2.2米的EVA塑料薄膜,保温保湿。夜间可在薄膜上覆盖草苫、棉被等保温。高温季节育苗时可根据需要在防虫网上覆盖遮阳网,减少蒸发,降低光照强度。

黄瓜子叶展平后播种砧木。如果生长正常,刚好在黄瓜播后7天。播种时种子不留间距,覆土厚2～3厘米。其他方法与黄瓜播种相同。

5. 穴盘育苗技术　穴盘育苗是采用草炭、蛭石、有机废弃物等轻型无土基质材料做育苗基质,1 穴 1 粒,精量播种,一次性成苗的现代化育苗技术,目前已成为许多国家专业化商品苗生产的主要方式。它的突出优点表现在省种、省工、省力、节能、育苗效率高;秧苗整齐一致,秧苗素质高,定植后缓苗快,成活率高;根坨不易散,适合远距离运输和机械化移栽;有利于规范化科学管理,提高商品苗质量;可以进行规模化优良品种的推广,减少假冒伪劣种子的泛滥危害。黄瓜穴盘育苗技术要点如下。

(1)育苗设施要求 选用现代化智能温室,夏秋育苗也可选择塑料大棚或日光温室,覆盖 30 目以上防虫网,最好覆盖 30%～75%遮阳网遮阴。冬春育苗宜在日光温室中进行,并配备热风炉、电热线等辅助加温设施。温室内配置喷水系统和摆放穴盘的苗床,苗床用铁架做成,也可直接在地面上铺砖。总之,要求铺垫硬质的、重型的材料,防止穿过穴孔的根系扩大生长,在提苗时致使幼苗伤根。

(2)穴盘选择 黄瓜直播育苗选用 72 孔穴盘,若在穴盘上嫁接,南瓜最好用 50(或 72)孔穴盘,黄瓜也可用 100 孔或 50 孔穴盘。有试验证明,圆形穴孔穴盘的秧苗质量最高,其次是圆角正方形侧壁带棱型穴盘。一般常用的穴盘长 54 厘米、宽 28 厘米、高 4.2～5.5 厘米。

(3)基质准备 要求育苗基质容重小、孔隙度高、养分全面且配比合理、透气、保水、不含病虫源和杂草种子,pH 值 5.5～7.5。自行配制时,可按草炭∶蛭石＝2∶1

或草炭：蛭石：废菇料＝1：1：1的比例（容积比）配制。也可选购市售的成品基质，如淮安淮农农业科技开发有限公司生产的瓜类育苗专用基质、寿光恒先育苗基质加工厂生产的鲁盛牌育苗基质和恒先牌育苗基质。一般50升基质可装填14～18个穴盘。

（4）基质装填　装填穴盘前1～2天，先给基质喷水（每50升基质喷水2～3升）、堆闷，使基质充分回潮。基质装填要均匀一致。

（5）品种选择　目前，适宜日光温室种植的品种有津研35、津研36、津研38、山农5号、拉迪特、LH-422、以色列迷你等。

（6）播种　可直播育苗，选用72孔穴盘。要求种子籽粒饱满、发芽整齐一致、发芽率高于95％。最好使用包衣种子干籽直播，每穴播种1粒种子，播种深度1～1.5厘米为宜，播种后覆盖蛭石或基质并刮平。全部播完后给穴盘洒水，以穴盘底部有水渗出为度，使基质最大持水量达到200％以上。

（7）播后管理　播完后置温度26℃～28℃催芽室催芽，空气相对湿度在90％以上。在出苗阶段应及时检查，如果基质干燥，应喷水1～2次。当50％左右的苗顶土时，应喷水1次，有助于种皮的脱壳，防止种子"戴帽"出土。喷水时不要用冷水，水温25℃左右为宜。当幼苗60％出土后，及时把育苗盘移出催芽室见光。

（8）出圃　幼苗2叶1心时成苗，即可出圃。

6.嫁接育苗

(1)嫁接的作用　黄瓜嫁接可以克服土壤连作危害,有效防止根病发生,促进根系发育,提高根系耐低温的能力。据试验,采用黑籽南瓜为砧木的黄瓜嫁接苗,当室内温度低于6℃时,1周内未发生寒害;当地温下降至8℃左右时,仍能保持较强的生长势,对黄瓜枯萎病的防治效果一般都在90%以上,对疫病、炭疽病也有一定的抗性,总产量较自根苗提高20%以上。嫁接后的黄瓜抗逆性增强,具有耐低温、耐高温、耐涝、耐旱、根系发达、生长势强、侧枝发育正常、结瓜稳定等特点,所以嫁接黄瓜可以提早定植。

(2)嫁接方法　目前,嫁接方法主要有人工嫁接和使用嫁接机嫁接2种。

①人工嫁接　人工嫁接的方法有几种,生产上一般采用靠接法。靠接法的嫁接工具有刀片、竹片、竹签、嫁接夹等。嫁接步骤是:在黄瓜子叶下1.5厘米处以30°~40°角向上斜切一刀,切口与子叶垂直,深度为茎粗的3/5;然后用竹签挑去南瓜生长点及真叶,并在子叶下方1厘米处向下斜切一刀,切口与子叶平行,深度为茎粗的2/3;最后将两切口相互嵌合对齐,黄瓜子叶与砧木子叶垂直呈十字形并位于砧木子叶上方,用嫁接夹固定。黄瓜苗夹在夹子内侧,南瓜苗夹在夹子外侧(图1)。

②嫁接机嫁接　自动嫁接机能实现将砧木和接穗嫁接到一起的自动化嫁接作业。目前,自动嫁接机的类型

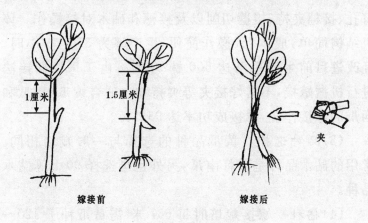

图1　黄瓜靠接示意图

有很多种,我国自行研制的有 2JSZ-600 型自动嫁接机和 2JC-350 型插接式自动嫁接机,其各项技术指标居国内领先水平,在体积、重量、嫁接速度、嫁接性能等方面均达到了国际领先水平。

中国农业大学张铁中教授率先在国内开展蔬菜嫁接机的研究,1998 年成功研制出 2JSZ-600 型蔬菜自动嫁接机。该嫁接机采用单子叶贴接法,实现了砧木和接穗的取苗、切削、接合、嫁接夹固定、排苗作业的自动化。该机嫁接作业时砧木可直接带土团进行嫁接,生产率为 600 株/小时,嫁接成功率高达 95%,可进行黄瓜、西瓜、甜瓜等瓜菜苗的自动化嫁接作业。

2005 年东北农业大学研制出 2JC-350 型插接式自动嫁接机,该嫁接机采用人工上砧木和接穗苗,通过机械式凸轮传递动力,可完成砧木夹持、砧木生长点切除、砧木打孔、接穗夹持、接穗切削以及接穗和砧木对接操作。该机结构简单，成本低，操作简便，生产率为350株/小时。经改进目前生产率已达500株/小时。由于采用插接法进行机械嫁接，不需嫁接夹等夹持物。适合黄瓜、甜瓜和西瓜的嫁接作业，嫁接成功率达93%。

(3)品种选择 黄瓜品种的选择与一般栽培相同。常用的砧木品种是黑籽南瓜，另外也可选择90-1等砧木品种。

(4)播种 嫁接栽培时每667米²需黄瓜种子120～150克，黑籽南瓜种子800～1 200克，或火凤凰种子350～450克。黄瓜子叶展平后播种砧木。如果生长正常，刚好在黄瓜播后7天。播种时种子不留间距，覆土厚2～3厘米。其他方法与黄瓜播种相同。

(5)播后管理

①出苗前管理 接穗和砧木床管理相同。出苗前管理以地温管理为重点，保持5厘米地温28℃～30℃，最低20℃，最高35℃。白天地温过高时小拱棚可通风降温或适当遮阴。

②出苗至嫁接前管理 30%左右幼苗出土后要在早、晚揭去地膜。80%以上种子出苗后适当降低温度。温度管理以气温为主，气温白天控制在25℃～28℃，清晨日出时分10℃～12℃。通过调节夜温使下胚轴长度达到7～8厘米。出苗后的秧苗要及早见光，使之边出苗边绿化，加速幼苗营养积累。黄瓜苗第一片真叶基本展开、南

瓜破心至1叶期为嫁接适宜时期。

(6)嫁接前苗床管理 砧木齐苗前基质或蛭石不宜干燥,嫁接前1~2天适当降温控水,促进下胚轴硬化。接穗(黄瓜苗)的基质不宜过干,齐苗后要充分见光。白天20℃~22℃,夜间12℃~13℃为最适宜的温度。适宜的苗床相对湿度为75%左右。嫁接前要做好病虫害防治,一般情况下齐苗后和嫁接前1天各喷1次低浓度的杀菌剂预防病害,如用70%甲基硫菌灵可湿性粉剂1 000倍液,或75%百菌清可湿性粉剂800倍液,或72.2%霜霉威水剂600倍液进行苗期病害的预防。

(7)嫁接 当南瓜第一片真叶展开时,黄瓜子叶也已发足,此时进行嫁接。嫁接好后立即将嫁接苗栽入营养钵。栽苗时嫁接部位应高出营养钵口面约4厘米,并使2个苗子根颈分开约1厘米便于以后断根。浇足水,注意水不可滴到嫁接部位。不用营养钵时采用沟栽方法:在移植床上开"V"字形沟,沟间距10~12厘米。先在沟内浇水,再按10~12厘米间距摆苗移栽,栽植后回土,嫁接部位应高出床面约4厘米。将栽有嫁接苗的营养钵整齐摆放于嫁接苗床,嫁接苗床需搭建小拱棚,并覆盖牛皮纸、报纸或被单遮阴。气温低时夜间应在小拱棚上盖棉被或草苫保温。

(8)嫁接后管理 嫁接后保持小拱棚内高温、高湿状态,根据天气情况适当采取遮阴、通风等措施。

①温度管理 嫁接后前3天温度要求较高,白天

26℃～28℃,晚上22℃～24℃,温度高于32℃时要通风降温,以后几天根据伤口愈合情况将温度适当降低2℃～3℃。8～10天后进入苗期正常管理。

②湿度管理　嫁接后前2天空气相对湿度要求95%以上,低湿时要喷雾增湿,注意叶面不可积水。随着通风时间加长,空气相对湿度逐渐降低至85%左右。8～10天后根据伤口愈合情况,湿度管理可接近正常苗湿度管理。

③光照管理　嫁接后前2天要遮阴,以后几天早、晚见光,在管理中视情况逐渐加长见光时间和加强光强度,可允许轻度萎蔫。此期间一般保持8小时光照。8～10天后可完全去除遮阳网。

④通风管理　一般情况下嫁接后前2天要密闭不通风,只有温度高于32℃时方可通风,嫁接后3天开始通风,先是早、晚少量通风,以后逐渐加大通风量和加长通风时间。8～10天后进入苗期正常管理。在嫁接后5～6天喷1次72.2%霜霉威水剂800倍液+72%硫酸链霉素可溶性粉剂4 000倍液预防苗期病害发生。

(9)成活后至定植前管理

①温度管理　白天温度28℃～30℃,前半夜15℃～18℃,后半夜(最低温度)10℃～12℃,地温20℃～25℃。此时不旱不浇水,促进根系生长,控制徒长。新叶展开后,在黄瓜苗的嫁接部位以下约1厘米处切去一段断根。

②及时去萌蘖　砧木在高温和高湿环境下萌蘖生长

很快,影响黄瓜苗的正常生长,所以嫁接成活后应及时去除萌蘖。

③肥水管理　成活后要适度控水,有利于促进根系发育。一般情况下基质较干后结合浇水喷施 0.1%～0.3%磷酸二氢钾或尿素 1～2 次。

④挪动穴盘　为保证秧苗生长均匀一致,避免根系长出穴盘外,成活后要挪动穴盘,一般每周 1 次,一是将穴盘南北移位,二是调转方向,保持秧苗垂直向上生长。

(10)种苗质量标准及出圃前管理

①种苗质量标准　黄瓜嫁接苗苗龄一般 25～35 天,具有 2 或 3 片真叶,叶片翠绿、肥大,根系已盘根,秧苗从穴盘拔起时不会散坨,须根白色、健康,植株高度在 10 厘米左右,无病虫。

②炼苗　嫁接苗达到 2 叶 1 心或 3 叶期即可定植。出圃前 5～7 天开始炼苗,炼苗时要降低温度,白天 15℃～20℃,夜间 8℃～11℃,增强幼苗抗逆性。其他如光照、空气湿度等条件也应逐步达到与本田的条件相一致。炼苗时要控制营养基质温度、水肥,不干不浇水,以便于装箱运输和缓苗,提高移栽成活率。

(二)茬口安排

根据无公害蔬菜生产要求,黄瓜一般应避免与瓜类作物重茬连作。常见的前后茬有豆类(菜豆、豇豆等)和叶菜类(甘蓝、油菜、油麦菜、芹菜等)、茄果类。由于近年来有些温室黄瓜产区根结线虫发生严重,在根结线虫发生严重的地方,应选韭菜、十字花科蔬菜茬口,或辣椒、嫁接茄子轮作 3 年以上的茬口为好,忌番茄、瓜类(丝瓜、苦瓜、西甜瓜、西葫芦)、豆类茬口。生产上多采用两茬以上的栽培,可提高温室土地利用率,综合提高日光温室生产效益。

由于设施的完善和栽培技术的发展,黄瓜已经可以达到周年生产、四季均衡上市。农户要根据自身的设施条件、种植习惯、技术水平和对市场需求的预测,选择适宜的茬口,以期获得最大的经济效益。

温室黄瓜主要包括秋延后茬、秋冬茬、越冬一大茬、冬春茬和早春茬等 5 个茬口。按不同茬口,从 6 月份至翌年 1 月份均可播种育苗。秋延后茬多选用耐热类型品种,6 月下旬至 7 月上旬育苗,8 月上中旬定植,9 月上中旬开始采收,12 月份拉秧,后茬可种植早春茬西甜瓜、西葫芦、茄子、辣椒、豆类等果菜类蔬菜。秋冬茬育苗定植期比秋延后茬晚 20~30 天,一般 7 月中下旬育苗,8 月下旬至 9 月上旬定植,10 月上中旬开始采收,翌年 1 月份以后拉秧,后茬可种植早春茬西甜瓜、西葫芦、番茄、豆类等果菜类蔬菜。一大茬黄瓜的育苗定植期与秋冬茬相似或略晚,8 月初育苗,9 月中下旬定植,11 月份开始采收,采用长茬栽培技术,连续收获上市至翌年 5 月份以后拉秧。冬春茬一般 11 月中下旬育苗,翌年 1 月上中旬定植,2 月上中旬开始采收,到 5 月份以后拉秧。早春茬黄瓜一般是芹菜、甘蓝和越冬茬西甜瓜、西葫芦的后茬,选择早熟品种,多在12月下旬至翌年1月份育苗,2月上中旬定植,3月份采收上市,可一直持续到6、7月份拉秧。

(三)日光温室黄瓜越冬一大茬栽培技术

秋季播种,冬季开始采收,直到翌年春末夏初结束的这茬黄瓜称为越冬茬或越冬一大茬。越冬茬黄瓜生产主要是在一年之中日照最差、温度最低的季节里进行的,技术难度较大,要求比较严格,但却是经济和社会效益最好的一茬。

1. 越冬一大茬黄瓜生产的气候特点和技术要点 越冬一大茬黄瓜育苗定植期正值夏秋季节,外界温度高、光照强、降雨多,防治蚜虫、温室白粉虱和蓟马、斑潜蝇是育苗和定植后管理的关键。随着植株的生长发育,外界温度逐渐降低,光照时间缩短,光照强度下降,从12月初开始至翌年3月初,植株处于低温、弱光、高湿的逆境中。因此,选择优良的设施、增温保温、增加光照、降低棚内湿度、均衡供给养分和水分、有效控制低温高湿病害如灰霉病、霜霉病是管理的核心。生产上要充分利用12月份以前有利的气候条件,培育良好的根系,使植株生长健壮、旺盛,以保证深冬季节产量和质量;2月份后天气回暖,要加强肥水等田间管理,防止植株衰弱老化,确保早春生产。这一茬口对品种、设施和栽培技术的要求最高,市场销路广,如能获得高产,就能取得比较可观的收益。

日光温室越冬一大茬黄瓜栽培的技术要领是:嫁接换根;大温差培育适龄壮苗;重施有机肥加深翻;室内水池贮水预热;地膜覆盖高垄稀植栽培,膜下暗灌或滴灌;四段变温管理;利用"三沼",黄瓜果实套袋,垄间覆草,高标准的水、肥、气平衡管理,保持营养生长和生殖生长的平衡等。

2. 品种选择 越冬一大茬黄瓜8月初育苗,9月中下旬定植,11月份开始采收,品种要求严格,要求在低温和弱光下能正常结瓜;同时,要耐高温和耐高湿,在高温和高湿条件下结瓜能力强,结回头瓜多。另外,还要抗病性好,对温室环境的适应能力强,对管理条件要求不严,意外伤害后恢复能力要好,目前生产上应用的绝大部分品种还只限于密刺系列。适宜的普通黄瓜品种有山农5号、新泰密刺、津优系列(如津优30号、32号、36号、38号)、博耐系列(博耐1号、2号)等;无刺水果型黄瓜品种有哈研2186、HA-454、戴多星、京研迷你2号等。砧木可选用黑籽南瓜、白籽南瓜或火凤凰(黄籽南瓜)。由于此茬冬季温度较低,多选用抗寒性好的黑籽南瓜作砧木。若用火凤凰作嫁接砧木,果面蜡粉减少,可溶性固形物略有提高,产品的外观商品性和内在质量都有提高,因此火凤凰可作为迷你小黄瓜嫁接砧木的首选品种。

3. 育苗 营养钵育苗要求采用"两步成苗法",即接穗和砧木播种苗床出苗,嫁接后移植于口径9~12厘米、高9~12厘米的黑色塑料营养钵直至成苗移栽,或移栽于移植床直至成苗移栽。也可采用穴盘育苗,成苗快,整齐,质量好。育苗期适当遮阴,苗床可覆盖遮阳率30%～50%的遮阳网。育苗期要注意水分管理,通过灌溉次数和灌溉量控制徒长,尤其在持续阴雨天期间要注意防雨和排湿,防止苗床过湿、湿度过大易引起猝倒病、立枯病等病害的发生;天气放晴时注意光照管理,防止出现光闪苗。苗床加盖30目防虫网,育苗棚室内悬挂诱虫黄板,结合化学防治,可有效防治白粉虱、斑潜蝇和蚜虫危害。

4. 土壤高温处理 利用夏季高温处理土壤,可优化土壤菌群,减轻连作障碍,大幅度降低根腐病、枯萎病、疫病和根结线虫的危害。方法是:保留前茬栽培用过的棚膜并修补破损处;前茬作物拉秧后,清除植物残体,平垄,浇水后深翻30～40厘米。结合深翻每667米^{2}均匀压入麦秸、玉米秸、稻草、稻壳等1 000～2 000千克,生石灰100～150千克,并浇透水;土壤稍干后再深翻25～30厘米(不可耙糖),地面覆盖普通聚乙烯薄膜(地膜亦可),长、宽与温室栽培区相同;覆膜后将四周压严压实,检查薄膜无破损后,利用夏季高温,密闭温室闷棚40天以上。

高温处理的效果取决于处理温度、土壤含水量和持续时间。土壤含水量不足时处理效果不理想。高温处理结束后一定要浇水泡地1～2次,淋洗土壤中的有害物质(如锰),以免黄瓜定植后发生生理障碍。

根结线虫发生重的棚室可结合闷棚时每平方米加1.8%或2%阿维菌素1克做土壤处理,效果更好。

5. 整地施肥 前茬作物收获后清洁园田,深翻晒垡。越冬茬黄瓜一定要施足基肥,既要满足黄瓜长期结瓜对养分的需要,但又不能施用过量而产生肥害。一般每 667 米^{2}基施优质有机肥 10～15 米^3、油渣 200～300 千克、磷酸二铵 20～25 千克、硫酸钾 5～6 千克,同时施入硫酸锌、硼砂、硫酸镁各 1 千克。为预防缺钙的发生,可每 667 米^{2}施生石灰 50～100 千克或碳酸钙粉 150～200 千克。有机肥要充分腐熟,砸碎过筛,筛孔直径 1～1.5 厘米。油渣要粉碎并发酵。有机肥中,鸡粪、猪粪、羊粪应配合使用,其比例为 1:1:1。施肥后先浅耙(最好旋耕 1 遍),将肥料与表层土壤均匀混合。起垄前浇足底水,待土壤水分适宜时起垄。

采用地膜覆盖高垄栽培。日光温室内南北向起垄,垄宽 140 厘米。要求垄顶宽 95～100 厘米、底宽 110～115 厘米,垄沟宽 25～30 厘米、高 25 厘米。垄面要平整,两侧要齐。垄面中央开宽 15 厘米、深 8～10 厘米倒三角形暗灌沟。定植垄和垄沟要北高南低,落差以 10 厘米左右为宜。铺设滴灌时,在垄中央开宽 5～8 厘米、深 4～6 厘米的"V"形小沟。

提倡使用滴灌系统灌溉。滴灌是通过管道和滴灌器将水分直接输送到作物根际的灌溉方式,灌溉量精确,容易掌握,灌溉用工少,劳动强度低,灌溉方便、快捷、高效,一次投入、多年受益,值得推广使用。使用滴灌还能肥水同步,节水节肥,同时杜绝了病害随灌溉水传播的途径。

推荐使用内镶式滴灌系统。首部供水压力可用潜水泵提供,长度 60 米以内温室潜水泵功率 550 瓦、扬程 15～20 米、流量 2～3 米³/小时;60 米以上温室潜水泵功率 750 瓦、扬程 20～30 米、流量 3～5 米³/小时。首部还要配备过滤器和施肥装置。将直径 16 毫米、滴头间距 30～45 厘米、流量 2.5～3.5 升/小时、长度与垄长相等或略长的黑色 PE 滴灌软管按 140 厘米间距连接在输水支管上。调试完毕后堵塞软管远端,在垄面上铺压幅宽 160 厘米的地膜。地膜四周要压在垄沟两侧,不可将垄沟铺严。推荐覆盖黑色地膜,以利提高土壤温度。

6. 定植　越冬一大茬栽培宜采用高垄稀植栽培,在事先起好的垄上定植,可减轻病害,提高品质。定植时应保证土壤有充足的底墒。如底墒不足,需在定植前 5～7 天大沟浇水,补充墒情。定植按每垄双行、垄上行距 40 厘米、垄上株距 30～35 厘米定植,每垄定植 36～42 株(7 米跨度温室),一般为 2 340～2 740 株/667 米²。

采用营养钵育苗和滴灌系统的,定植时在垄上按要求株行距先用直径 11 厘米(或 13 厘米)、高 15 厘米的薄壁铁筒在垄上打深 8～10 厘米的定植孔,脱去营养钵,再将苗坨放入。苗坨应略高于床面,回土后苗坨与床面齐平或略高。放入苗坨后每株(坨)浇约 0.5 升清水。2～3 天后当有新根扎出时方可回土。回土时要将缝隙填满填实。采用营养方育苗的,在垄上按要求株行距挖 10～12 厘米见方的定植穴,再将苗坨放入。也可在垄上开深 8～

10厘米的定植沟,先将苗坨放入,浇水,待水完全渗入后回土,最后用幅宽140厘米的地膜覆盖垄面并放苗。定植前要挑选秧苗,尽量使用大小一致的秧苗。秧苗数量有限时,将大苗定植于南侧,中小苗定植于中部及北部。

高垄稀植的好处:黄瓜生长在高垄上,使得黄瓜根系所处的土层加厚,通气性增强,利于根系生长发育;高垄稀植灌水,水是经过垄上小沟,在沟底和垄的侧面渗进土层的,垄面不过水。因此,垄面土壤不板结,能经常保持疏松状态,利于保墒、透气,土层内肥料分解过程中,形成的有害气体能及时排出,新鲜空气又能进入土层;灌水时流水不直接浸根及茎部,减轻了病菌传播机会;遇涝时水能及时通过沟排走,减轻涝害;稀植黄瓜行间立体空间大,有利于通风排湿,减轻病害发生;垄面受光面积大,利于温度的提高,适宜黄瓜的早熟栽培。

7. 缓苗期管理　缓苗期适当提高温湿度。午间光照太强、秧苗萎蔫时可放花苫遮光,减少放风。气温白天控制在25℃～33℃,凌晨最低温控制在15℃左右;同时,尽量提高地温,10厘米地温控制在22℃～25℃。当有新叶抽生时缓苗结束。

8. 伸蔓—根瓜膨大期管理　定植后至根瓜膨大期要以促根为核心,适当控制茎叶生长,防止徒长。缓苗后可适度蹲苗,控制灌水,适时中耕,保持根系土壤环境疏松,有良好的透气性,促进根系发达。

(1)搭架绑蔓　4～6叶期即可绑蔓上架。要求架高

1.8～2 米,用 12 号铁丝做成,垄顶铁丝间距 30～35 厘米。吊蔓可用塑料带,也可用细麻绳等替代。先在铁丝上按株距绑好吊蔓带,下端在植株 2～4 叶节间绑一环状死结,瓜蔓顺绳缠绕。一般 2～4 天绕蔓 1 次,以保证秧头向上生长。

(2)整枝　定植后定期抹去卷须、雄花和侧枝。

(3)张挂反光膜　10 月下旬后在北墙上张挂反光膜,使反射光呈水波状照射在温室中后部的叶片上。

(4)中耕及覆草　大沟浇灌后及时中耕。株高达到 60 厘米时大沟铺草,保温降湿,每沟铺草量 4～8 千克。垄间覆上一层麦秸、麦糠等,能有效地改善温室内的环境条件,提高黄瓜产量。

垄间覆草的好处:麦秸等吸湿性好,能减少土壤水分的蒸发,因此能有效地降低棚内湿度,减少各种病害的发生机会;黄瓜垄间覆草还能提高地温,促进根系生长,使植株生长旺盛,提高产量;麦秸在腐烂过程中,能分解出一部分二氧化碳气体,增加温室内二氧化碳浓度,促进植株的光合作用;腐烂的麦秸翻入地下,是很好的有机肥料,可增强地力,利于后茬作物生长;垄间覆草还能杜绝杂草生长,覆草后垄沟内没有供杂草生存的空间。

(5)温湿度管理　缓苗结束后降低室内温度,昼间温度 28℃～32℃,20℃ 时关闭风口。前半夜气温 15℃～18℃,后半夜 10℃～13℃,地温 15℃ 以上。缓苗结束后加大温室通风量,尽量降低空气湿度。在冬春季节,给日光温室安装沼气灯或灶,遇到连阴下雪或大风降温等极端恶劣天气,可通过燃烧沼气产生大量热量为温室增温防冻,经过一定时间一定数量的沼气燃烧后,棚内的温度和二氧化碳浓度都有所提高,有利于黄瓜光合作用进行,从而安全度过严冬。通常情况下,燃烧 1 米^3 沼气可以产生大约 23 兆焦热量,可用这一数据来确定不同容积的温室增温所需的沼气量,一般升高 1℃大约需要 1 千焦/米^3 的热量。据此可计算出长 50 米、宽 6.5 米、高 1.5 米的温室温度提高 5℃(在不考虑散热的情况下)需要燃烧沼气 0.1 米^3;由于温室内的热量在早晨最冷的时候散失很快,所以通常在温室内每 50 米^2 面积安装 1 盏沼气灯,或每 100 米^2 面积安装 1 台沼气灶,在必要的时候,通过适当的燃烧,可有效地增加温室温度,确保蔬菜不受冻害或低温冷害,提高蔬菜产量和品质。注意事项:一是要对沼气进行脱硫处理;二是要严格掌握"两不放三及时"的原则,即阴雨天不施放,高温期不施放,施放二氧化碳后,肥、水和田间管理要及时。

(6)水分及养分管理　初花期适当控水控肥,促进根系生长。当早晨拉苫后新叶黄绿、叶片吐水量适宜时表示土壤水分含量正常,不需灌溉。根瓜膨大期浇头水,水量要足,水温不可低于 15℃。

(7)光照管理　给予充分的强光照。在保证温度的前提下,草苫应尽量早拉晚盖,拉苫后及时清扫棚面。

9. 采收期管理　从根瓜采收开始,要加强温湿度管理,通过平衡施肥、合理灌溉、植株调整、病虫害综合防治等措施,保持营养生长与生殖生长的平衡,从而达到均衡采收、丰产优质的目的。

(1)温湿度管理　上午拉苦后,室内温度快速上升,最高温度控制在28℃~30℃,此时要注意通过放风控制温度。下午当温度下降到22℃时及时闭风。闭风后室内温度会出现先上升后下降的变化现象,20℃时盖苦保温。前半夜保持在16℃~18℃,后半夜保持在10℃~13℃。地温应尽量保持在20℃以上,但不能低于15℃。上午升温后及早通风排湿,以通风30分钟内棚内雾气散尽为最佳通风时间,通风时注意更换通风位置,通风口的开放应由小到大,尽量缩短叶面结露时间。入春后,日照时间逐日增长,日照强度逐日加大,温度逐日升高,黄瓜逐渐转入产量的高峰期。此期温度管理指标要随之而提高,逐渐达到理论上适宜的温度,即晴天的白天25℃~28℃,不超过32℃;夜温14℃~18℃,不超过20℃。这种温度管理下的植株一般比较健壮,营养生长和生殖生长比较协调,有利于延长结瓜期,进一步提高产量。进入3、4月份,为了抢市场行情,及早拿到产量,也有采用高温管理的。高温管理时,上午温度掌握在30℃~35℃,夜温18℃~21℃。但高温管理需有一些基本的条件,一是品种必须对路,密刺耐高温系列和无刺小黄瓜一般可实行这种管理方式;二是瓜秧必须是壮而偏旺的,瘦弱的植株往往不适应这种高温条件;三是必须有大量施用有机肥的基础;四是必须有良好的灌水条件。

(2)水肥管理　从采收前期开始,应保证充足的水肥供应。采用暗沟灌溉的,一般每5～10天浇1次水,灌水量每667米² 20米³左右。浇水时随水每667米²追施尿素10～15千克(或硝铵磷肥20～30千克)、硫酸钾5～6千克、硝酸钙1～2千克。所有肥料施入时都要溶于水池中,不可撒于地表,以免造成肥害。另外,根据长势喷施叶面肥。全生育期可追肥20～25次。缺硼地块每月每667米²叶面喷硼酸50克。采用滴灌的,一般2～5天灌水1次,灌水量为每667米² 2.6～5.2米³,每立方米水加入磷酸二氢钾0.2～0.4千克、尿素1.0千克(或碳酸氢铵2千克,或硝酸铵1.5千克)。肥料应先用少量清水溶解,待杂质沉淀后加入施肥罐。使用硝酸铵时,要撇去溶液中最上一层杂质,以免堵塞滴头。低温季节推荐使用硝酸铵,气温回升后(地温达到18℃以上)可使用尿素和碳酸氢铵。一般每三水带肥2次。

沼液根部追施,沼液是一种速效液态肥,含速效氮0.04%、速效磷0.03%、速效钾0.03%～0.04%。生产实践证明,一般果类蔬菜追施沼液37.5～45吨/公顷,可增产9.8%以上。通常结合灌水,直接将沼液追施到垄面或垄沟内,效果更好。

(3)绑蔓及落蔓　在龙头以下10厘米处绑蔓。当龙头接近吊蔓铁丝时,可随时落蔓,每次落蔓30厘米左右。吊蔓、落蔓时操作要轻,一次下沉不要过多,更不要损伤叶片。要使叶片在空间分布均匀,不互相遮挡。同时,还要摘除下部病黄叶、侧枝、卷须、雄花、畸形瓜和病瓜等。摘叶并不是一项必要的措施,生长比较好和保存比较完整的叶片一般不要轻易打掉,一次打叶不宜过多,尽量保持每株有 20 片左右的开放叶。

(4)植株调整　雌花过多应及时疏花疏果,根据植株长势留瓜,保持开花节距龙头 40～45 厘米。理想的株型结构为每 2～3 叶留 1 个瓜,第一瓜采收后,第二瓜进入旺盛生长期,当第二瓜达技术成熟后,第三瓜进入旺盛生长期,第四瓜正好开花,始终保持 1 花加 1～2 个快速膨大的瓜加 1 个即将采收的瓜这样一个株型格局,结合落蔓及时摘除弯曲瓜、尖嘴瓜等畸形及多余瓜,保证瓜秧正常生长,提高产量和品质。

(5)果实套袋　在小黄瓜长到 5 厘米左右时,套上一个长 38 厘米、直径约 5 厘米的复合抗菌长形筒状保鲜袋,袋体上端为套入口,套口宜小不宜大,下端留有一个透气孔。套袋时先将袋口打开,将瓜条套进袋内,然后固定袋口,并将袋体拉平即可。这样,黄瓜便可在袋的保护下生长,长出的瓜条直而不弯。

黄瓜套袋的好处:一是无农药残留,可阻止害虫叮咬或病害污染,达到无公害黄瓜生产的目标。二是瓜条顺直美观,粗细均匀一致,色泽嫩绿一致,商品性好;畸形瓜明显下降,生长速度加快,比不套袋的黄瓜能提前 1～2 天上市。三是长成后黄瓜去袋即可鲜食,品味颇佳,鲜香脆嫩,营养丰富;因套袋后,袋内温度高,湿度大,里面常有水汽存在,因此保鲜期长,耐运输。四是待黄瓜达到上市标准时连同袋一起做成小包装上市,不易破坏,可直接送往饭店或超市销售。

10.采收 普通有刺类型黄瓜长达 20~25 厘米即可采收,无刺小黄瓜一般在瓜长 12~15 厘米时采收,以便保持其鲜嫩和风味,一般开花后 8~10 天采摘为宜。结瓜初期要适当早摘、勤摘,严防坠秧。低温寡照期到来以后,植株制造的养分有限,瓜坠秧的现象更容易出现,也必须强调早摘、勤摘。进入产量高峰期后,一般每 2 天采收 1 次,以防压蔓造成减产。采收后的瓜条应先分级,预冷后整齐装入衬有塑料薄膜的纸箱中,每箱 5~20 千克。采收及包装过程中要小心轻放,保护瓜条。

无刺小黄瓜(迷你黄瓜)进入正常管理阶段(即定植后),应将温室内最低温度保持在 15℃以上,以保证其正常生长对温度的需求。

本茬栽培中易发生各种病虫害和生理障碍,应及时防治,具体诊断和防治方法请参照第六章有关内容。

(四)日光温室黄瓜秋冬茬栽培技术

秋冬茬黄瓜一般 7 月中下旬育苗,8 月下旬至 9 月上旬定植,10 月上中旬开始采收,翌年 1 月份拉秧。

秋冬茬黄瓜育苗期天气炎热,定植期气温尚高、降雨多,主要生长期多处在高温、强光照的环境中,易受蚜虫、白粉虱、斑潜蝇、蓟马、红蜘蛛等危害,后期温度低、光照弱,易发生霜霉病、灰霉病等病害。这一茬口对日光温室性能要求低,一般温室均可以生产。防虫、防病、防雨、加强后期保温是生产管理的中心。

1. 品种选择　秋冬茬苗期高温多雨,后期低温寡照。黄瓜生长期间,日照由长变短、由强变弱,温度由高变低,所经历的条件恰与自然条件下生长的黄瓜相反。因此,选用的品种必须耐热又抗寒,抗病力强,生长势好,结瓜力强,主、侧蔓都能坐瓜,产量高特别是中后期产量高。常用的品种有津优系列(35、36 等)、中农系列(10 号、21号),迷你小黄瓜中多数稍耐寒品种都可在这茬种植,如哈研2186、萨瑞格、拉迪特、戴多星、康德、绿秀 1 号等。

2. 育苗　采用营养钵或穴盘嫁接育苗。此期温度高,光照条件好,可在室外育苗。播前需浇足底水,不仅可以保证出苗期间的水分供应,还可以降低地温。播后在畦上搭建拱棚,用 20～30 目防虫网覆盖防虫。秋天黄瓜生长快,容易徒长,要适当控制灌水,并加强通风,但不可过分缺水。秋冬茬黄瓜花芽分化期基本处在长日照(12 小时以上)的条件下,要注意控温、遮阴,促进雌花形成。秧苗应及时防病、治虫,特别是雨淋后要及时喷药防病。秋冬茬嫁接黄瓜的日历苗龄 35 天左右,其壮苗指标为株高 8～10 厘米,茎粗 0.6 厘米以上,叶片数 2～3 片,叶片厚而浓绿,子叶健壮,根系发达。

3. 整地施肥　整地前施足基肥,每 667 米^2 施入腐熟、过筛的有机肥 6～8 米^3、磷酸二铵 10～20 千克、硫酸钾 15 千克、生石灰 50～100 千克或碳酸钙粉 150～200千克。

施肥后用微耕机旋耕,将肥料与表层土壤均匀混合。起垄前浇足底水,土壤水分适宜时起垄。起垄规格与前述黄瓜越冬一大茬栽培相同。

4. 定植 定植按每垄双行、垄上行距 40 厘米、垄上株距 30 厘米定植,每垄定植 44 株左右(7 米跨度温室),一般为 3 000 株左右/667 米^2。

定植要注意掌握几个技术环节:一是定植要在弱光环境中进行;二是秧苗充足时要严格挑选并分级,稍大的苗要尽量栽到温室的后部和两头;温室前部可栽稍小些的秧苗,以便将来整个温室的植株生长一致;三是穴栽时掌握苗坨覆土后与垄面平即可,不能栽深。特别是嫁接苗,栽深了接口接近地面,黄瓜极易产生不定根,对防病和生长都不利;四是随栽随浇水,以减少萎蔫,同时要使苗坨与土壤密切结合。

5. 定植后的管理 秋冬茬黄瓜的管理应遵循"前期控好秧,后期拿产量"的原则进行,努力做到控秧、促根与提高产量相结合,提高产量与增加产值相结合,以获取较好的经济效益。

(1)温度管理 这茬黄瓜定植时,大多数地区的外界温度尚能维持黄瓜的正常生长。一般可以在露地生长一段时间。但当日平均温度达到 18℃时必须开始覆膜,到日平均温度降到 16℃时,必须完成棚膜覆盖。再晚,植株受到生物学下限温度(亦称生物学零度)的危害,表面虽无明显症状,但生长要受到影响。一般选这一茬口,上茬旧棚膜不应早揭,定植后天气变冷前更换新膜。

覆膜后室温尚高,加上湿度大,可能引起瓜秧徒长或病害发生,需注意放风。初始一般放风口要大开,下雨时关闭。在秋冬茬黄瓜管理上,一般需要掌握前期温度不要过高,晴天的白天 25℃～30℃,夜间 13℃～15℃,阴天时白天 20℃～22℃,夜间 8℃以上。若单盖塑料薄膜不能保证上述夜间温度要求时,外界日平均温度降到 12℃～14℃就要加盖草苫。在光照逐渐变弱以后,温度自然不会太高,温室里所要掌握的温度也必须随着光照的减弱而降低。严冬时,晴天的白天,一般掌握气温 25℃～28℃,翌日凌晨最低气温 10℃～12℃。阴天时,白天的温度一般可以顺其自然,但不能使热量过度散失,以免引起地温大幅度下降。

(2)肥水管理　根瓜采收前的管理:秋冬茬黄瓜定植后,天气热、地温高、蒸发量大,及时浇水对缓苗和发棵尤为重要,如果定植后因缺水而造成根系不发、植株老化,以后恢复正常会极为困难。定植时随穴浇稳苗水,缓苗后一般不再浇水,如果土壤墒情差可少量补水,但以一次为限,以促进根系发达。下一次浇水是在根瓜膨大期,水要浇足,但不施肥。

结瓜期的管理:对于嫁接苗来说,为了使其发挥出延后效果好的优势,又能适时争取早期产量,苗期浇水应该少些,以防南瓜根不下扎。结瓜期一般每 $7\sim10$ 天浇 1 次水,浇水量 30 米³ 左右/667 米²。浇水时随水每 667 米² 追施尿素 $10\sim15$ 千克、磷酸二氢钾 $5\sim6$ 千克、硝酸钙 $1\sim2$ 千克,每浇 $1\sim2$ 次水追 1 次肥,具体视产量、长势而定。

为了解决后期温度低、光照差、光合作用下降而引起植株营养不良、叶片提前衰老和染病等问题,可适当喷施叶面肥。

沼气二氧化碳施肥:沼气中一般含有 $50\%\sim70\%$ 的甲烷和 $25\%\sim35\%$ 二氧化碳,燃烧 1 米³ 沼气可产生 0.975 米³ 二氧化碳。因此,通过沼气在温室内的燃烧,为蔬菜生长提供二氧化碳来提高蔬菜产量和改善蔬菜品质。在温室内安装沼气灯或沼气灶的数量要与温室面积相配套,一般情况下以 50 米² 温室面积安装 1 盏沼气灯、100 米² 温室面积安装 1 台沼气灶为宜。

温室黄瓜生产中,宜在营养生长旺盛期至生殖生长前期施用二氧化碳气肥为宜。

(3)植株调整 具体参照黄瓜越冬一大茬栽培管理进行。秋冬茬黄瓜卷须发生时吊蔓、摘除卷须。吊蔓时要掰去下部侧蔓赘芽、雄花和卷须、病虫叶、老叶。瓜秧已高时可通过放绳使秧蔓自然下沉,尽量保持瓜秧高度一致或前低后高,叶片分布均匀,防止互相遮挡。

(4)通风 后期要注意通风排湿,防止病害发生,即使是在阴天也要在正午适量通风。

6. 采收　适时采收也是植株调整的一个手段,如果瓜秧长势旺,可推迟几天采收;如果瓜秧长势弱,须提前采收。有时为了促秧,等待黄瓜行情好时再拿产量,前期幼瓜多时可疏掉一部分。特别在低温时段要适时采摘,防止出现花打顶影响产量。

7. 病虫害防治　本茬栽培育苗、定植正值虫害发生盛期,对于上茬结束已揭膜的棚室来说,定植至扣棚前属于露地栽培,易发生虫害,所以秧苗进棚前、扣棚后需喷药防治,生育中、后低温期易发生霜霉病、灰霉病等病害,应及早防治。

(五)日光温室黄瓜冬春茬栽培技术

日光温室冬春茬黄瓜一般 11 月中下旬育苗,翌年 1 月上中旬定植,2 月上中旬开始采收,到 5 月份以后拉秧。冬春茬黄瓜前期处在 1 年中光照最弱、温度最低、日照时间最短的季节,在这种不利的环境条件下生产,不仅要求设施性能好,而且需要与之相适应的配套技术措施,才能获得高产。

1. 品种　冬春茬黄瓜苗期在冬季,结瓜期在春季,一直延续到炎夏。所用品种应具有耐低温又耐高温、耐弱光又耐高湿、第一雌花着生节位低、主蔓可连续结瓜且结回头瓜能力强、前期产量高而且集中等优点。可选用的品种以密刺型的津优(津优 36 号、38 号)、中农、博耐系列等为主,应根据当地栽培需要来选择。温室保温性能好或有加热系统、市场销路好的地区可选京研迷你 2 号或 4 号、春光 1 号、绿秀 1 号、中农 19、冬之光 22-36、萨瑞格、拉迪特等小型黄瓜品种。

2. 育苗 采用嫁接育苗。从 11 月中旬至翌年 1 月份播种育苗,适期播种日历苗龄为 35～45 天,冬春茬黄瓜育苗是在一年之中光照最差、温度最低的时节里进行的,所以必须充分做好苗床的防寒保温工作。最好在日光温室内育苗,同时在苗床上搭小拱棚,除了覆盖塑料棚膜外,还应准备好纸被、旧棉毯、无纺布等不透明覆盖物,以便夜间和气温低时加以保护。

为了确保育苗效果,寒流袭来还可采取一些临时的补温措施,比如在温室内安装沼气灯或沼气灶,在必要的时候,通过适当的燃烧,可有效地增加温室温度;在床下埋入细塑料管,通过灌入热水来应急增温;在小拱棚内加灯泡、放入装热水的葡萄糖瓶或晚上点几支蜡烛、用电热器加热等,均有一定的效果。尤其是嫁接后的愈合期内,要以温度管理为重心,保证夜温不低于 18℃,以便加速愈合、防止低温感染,提高成活率。

除了保温外,还应注意控制苗棚湿度管理,控制灌水次数,及时通风,防止低温性生理障碍和其他病害的发生。

3. 整地施肥 前茬作物拉秧后,及时清理根茬、残枝败叶,清理上茬残留的地膜,平垄后随即施入基肥。每 667 米^2 施入腐熟、过筛的有机肥 4～5 米^3、磷酸二铵 10～

20 千克。前茬种植番茄、甜瓜等作物且未施钙肥的,需每 667 米² 施生石灰 50 千克或碳酸钙粉 50～100 千克。

施肥后用微耕机旋耕,将肥料与表层土壤混合均匀,方可起垄。

4. 定植 适当密植以提高产量。株距 28～30 厘米,每 667 米² 定植 3 000～3 500 株,定植黄瓜是在垄上开穴栽植的,定植时地温低直接影响到发根缓苗和后来生长。所以,定植前就要采取有利于提高地温、促进缓苗的措施:一是定植必须选在晴天的上午进行,力争在下午 2 时前结束,定植后能赶上 3～5 个晴天最为理想。二是栽苗不宜深,覆土封穴后苗坨与垄面持平即可。三是栽后只穴浇或从小垄沟浇稳苗水,不能顺沟浇大水。水温不能低于 15℃,严禁用室外坑塘、河流和渠水,特别是带有冰碴的水来浇灌。定植遇到阴天,可暂不浇水。五是定植后要尽快覆盖地膜提温。

5. 根瓜采收前的管理

(1)缓苗期管理 缓苗期影响缓苗的外界因素主要是温度和水分,较高的温度和充足的水分有利于缩短缓苗期。在冬季,水分和温度往往又是一对矛盾体,水多了地温低,不浇水诱发不出新根。为了解决这一矛盾,首先是缓苗前严禁顺沟浇大水,用穴灌或小垄沟灌溉(穴灌地稍干后一定要扒土晾根);其次是水温不能低,要用温室水池里的预热水。

缓苗期要尽量提高室温,一般力争白天达到 32℃,夜间不低于 16℃。缓苗期要密封温室,这样还有利于保持较高的空气湿度。温度达不到时需增加二层草苫数量。

当新根长出,心叶开始生长时,缓苗期结束(一般历时 7~8 天)。

(2)缓苗后到根瓜采收前的管理 缓苗后到根瓜采收前管理的主攻目标是培养壮株。在管理上仍然以促为主,特别是栽植长龄大苗的,更不能出现明显的控制秧苗生长的做法。此间管理的主要措施是:一要适时中耕,保持根系周围土壤疏松,促根下扎。二要适当降低温度,白天 30℃左右,夜间 14℃~16℃。对于有徒长趋势或预示雌花分化不好的秧苗,夜温可降低到 12℃左右。但地温应尽量保持高些。三是秧苗确实缺水时,应顺垄沟浇小水。四是垄沟覆草,增温除湿,也可起到补充二氧化碳的作用。五是及时吊蔓进行植株调整。冬春茬黄瓜品种一般枝叶繁茂,当植株长卷须出现,有 6 片真叶时开始吊蔓。吊蔓时,要结合掰掉下部赘芽和侧枝,摘除雄花和卷须,但不要伤及叶片,同时要使叶片分布均匀,防止互相遮挡。

6. 结瓜期的管理

(1)初瓜期管理 开始结瓜后的 20 天左右是结瓜初期,此期黄瓜既要结瓜又要长秧,在管理上应稍偏向于促秧,为盛瓜期打下基础。此时宜采用常温管理,晴天白天上午 25℃~28℃,不超过 32℃,夜间 14℃~16℃。一般每 6~7 天浇 1 次水,15~20 天追 1 次肥,追施尿素 10~15 千克、硫酸钾 5~6 千克、硝酸钙 1~2 千克。

(2)盛瓜期管理 在初瓜期正常温度和水肥管理的基础上,进入盛瓜期后,按白天 25℃～32℃,不超过33℃,夜间 16℃～18℃,后半夜 12℃～14℃,进行常温管理。其管理温度比初瓜期要高,结瓜数量和速度明显加快,所以水肥管理水平也要提高。

其他后期管理措施可参照越冬一大茬黄瓜栽培技术。

(六)日光温室迷你黄瓜栽培技术

无刺小黄瓜俗称水果黄瓜、小黄瓜、迷你黄瓜,属北欧温室生态型,适宜温室栽培。该类型品种对低温的耐受性普遍较差,因而在温室生产中对设施条件以及栽培管理技术也与普通黄瓜有所不同。正常情况下,其生长发育所需的温度要比普通品种高 2℃以上。种植时应根据当地的气候特点、设施性能、市场需求以及所选用的品种特性选择适宜的茬口,不可盲目种植,以免造成损失。

1. 对温室保温性能的要求 冬季夜温要求在 15℃以上,最低不得低于 12℃。

2. 品种选择 国外品种有:萨瑞格(HA-454)、戴多星、拉迪特、冬之光 22-36、康德、卡斯特、MK160、MK161等。国内品种有:哈研 2186、京杂迷你 2 号、京杂迷你 4号、绿秀 1 号、津美 3 号、中农 15 号、中农 19 号等。种植时应根据不同的市场需求和茬口选择适宜的品种。

3. 育 苗

(1)育苗时间 越冬茬栽培的育苗适期为 9 月中下

旬至 10 月上中旬,冬春茬栽培的育苗适期为 12 月下旬至翌年 1 月中旬。

(2)种子处理与播种　目前生产中常用的良种大都是包衣种子,可不进行种子处理,直接干籽播种。

(3)嫁接及管理栽培　采用嫁接育苗,砧木选用白籽南瓜、火凤凰等为好。

嫁接可选用靠接法或插接法。嫁接后,立即将嫁接苗移入小拱棚内并遮阴保湿。前 3 天,空气相对湿度保持在 90% 左右,温度保持白天 28℃~30℃,夜间 18℃~20℃。3 天后,空气相对湿度保持在 80% 左右,温度保持白天 25℃~28℃,夜间 15℃~18℃。嫁接后 3 天内不通风,幼苗强光照射不发生萎蔫时逐渐通风,以后转入正常管理阶段。靠接法在 10 天后断根。当黄瓜长至 3~4 片真叶时,即可定植。定植前低温炼苗。

4. 定植　当幼苗 3 叶 1 心,苗龄 35 天左右时开始定植。定植前半月,每 667 米^2 施充分腐熟的有机肥 8~10 米^3,其中腐熟鸡粪 5 米^3 以上,优质复合肥 60 千克。起垄垄宽 140 厘米、垄顶宽 95~100 厘米、底宽 110~115 厘米,垄沟宽 25~30 厘米、高 25 厘米。垄面要平整,两侧要齐。垄面中央开宽 15 厘米、深 8~10 厘米的倒三角形暗灌沟。定植垄和垄沟要北高南低,落差以 10 厘米为宜。每垄栽植 2 行,株距 30~35 厘米。定植时栽苗深度不能高于嫁接口。

5. 温度管理　定植后要尽量提高棚温,以促进新根生长,利于缓苗。当外界气温降至 14℃～16℃时加盖草苫。越冬茬水果黄瓜定植后 1 周内,棚内白天温度保持28℃～32℃,夜间温度 20℃以上,棚温白天不超过 35℃不放风;缓苗后白天温度保持 25℃～28℃,夜间温度保持15℃～20℃,温度超过 30℃开始通风,24℃左右开始闭风;严冬季节,棚内白天温度保持 23℃～25℃,夜间温度15℃～18℃;进入春季后,白天温度保持 28℃～30℃,夜间温度 18℃～21℃。

6. 肥水管理　小黄瓜具有浅根系、喜水肥、见瓜早、可连续结瓜、丰产性好的特点。要及时浇水并中耕,以促进根系生长。且其多为雌性系,雌花分化较早且数量较多,不易形成徒长苗,所以水肥管理在避免大水漫灌的前提下,应做到小水勤浇,以促为主。进入寒冷季节后适当控水控肥,以利提高地温。浇水间隔期可适当延长到10～12 天,春季气温回升后每隔 4～5 天浇 1 次水。进入采收期后,随浇水每 667 米^{2}施复合肥 20～30 千克或尿素 20 千克。结瓜盛期间隔 7 天叶面喷施 0.3%磷酸二氢钾溶液,间隔 8～10 天随水追施肥料。

7. 光照管理　为使黄瓜植株充分见光,要适当早揭晚盖草苫。为增强棚内光照,可在后墙张挂镀铝聚酯反光幕,弱光时段拉苫后要及时清扫棚膜上的尘土、草屑等物。遇一般雨雪天气,棚内气温不下降就要短时揭开草苫见光;如连续阴天,棚内气温不下降仍要揭开草苫,中午进行短时通风;遇大雪天气,要盖草苫,然后再在草苫外覆盖一层防雪膜,雪停后要去掉防雪膜并揭开草苫。但连阴天或雪后天气突然转晴时,应先揭花苫,不能突然全部揭开草苫,以免植株出现急性萎蔫,甚至凋萎死亡。有条件的可在连续阴雪时段实施补光措施。

8. 植株调整 当黄瓜苗 7 片叶左右时,及时吊蔓,摘除侧枝、卷须,砧木萌发的侧枝要及时摘除。雌花过多或出现花打顶时要疏去部分雌花,对已分化的雌花和幼瓜也要及时去掉,每节留 1～2 个瓜。进入结瓜中后期及时落蔓,落蔓后每株要保留 15～16 片绿色叶片。落蔓时摘除卷须及化瓜,并疏掉部分雌花。小黄瓜生长期长,栽培时不用摘心,顶心折断缺失时可从下部选 1～2 个侧枝代替。管理中注意及时清除老叶、黄叶和病叶。

9. 采收 正常生长的植株,一般雌花开放后 6～10 天,瓜长 10～15 厘米、横径 2.5 厘米即可采收。采收时用剪刀剪断瓜柄,轻拿轻放,分类包装。瓜秧基部的头茬瓜,要适时早摘、摘净,以防晚摘坠秧,徒耗营养,影响上部结瓜。秋冬茬黄瓜长势弱时应早收,长势强时可适当晚收,气温降低后要轻收,并可适当延后采收。越冬茬黄瓜因生长季节内温度低、日照时间短,应及早采收,并适当疏花疏果。

10. 病虫害及生理性病害防治 小黄瓜病害主要有霜霉病、灰霉病、白粉病、细菌性角斑病、褐斑病、枯萎病等,虫害有潜叶蝇、蚜虫、蓟马、叶螨、白粉虱等。生理性病害有花打顶、畸形瓜、高温障碍、低温障碍以及缺钙、缺硼等,防治方法参见第六章有关内容。

二、塑料大棚黄瓜栽培技术

(一)大棚黄瓜春提早栽培

黄瓜是大棚栽培的主要蔬菜。而黄瓜春提早栽培又是大棚栽培中的主要形式,大棚黄瓜春提早栽培,多用日光温室和阳畦育苗。

1. 品种选择 应选择结瓜早、瓜码密、品质好、产量高、抗病性强、耐低温和弱光的品种,如新泰密刺、山东密刺、津杂 2 号、中农 5 号、农大 12 号、鲁黄瓜 4 号等。

2. 对苗龄的要求 大棚早春定植要求苗龄大、秧苗壮,其标准是:叶片肥厚、深绿、舒展,6～7 片真叶,茎粗节短,株高 15～20 厘米,叶腋间已现有雌花,根系发达,茎叶与根系比为 10～20∶1。不同的育苗方法,秧苗达到的生理苗龄壮苗的自然天数也不同:日光温室或温床育苗50～55 天;加热温室育苗 45～50 天;水暖温室育苗 35～40 天;电热线温室育苗约 45 天。

3. 播种期的确定 一般播种期是根据定植期来确定的,而定植期的确定又是根据当年天气情况来定的。但是播种期一般是在定植期前的 50～60 天,在播种期间又很难预测到 50 天以后的天气情况,所以一般都是按照往年的经验来确定播种期的。根据经验,可按照当地终霜期向前推 20 天左右,即为适宜的定植期;当地的安全定植期知道后,将定植期往回推,减去育苗所需要的天数,得出的日期就是最佳播种期。例如,当地的安全定植期为 4 月 1 日,已知采用日光温室育苗需要 50~55 天,从 4 月 1 日向前推 50~55 天,则为 2 月 4~9 日,这个日期即为最佳播种期。

4. 定植期的确定 定植期的确定,要看大棚的防寒保温性能和当年的天气情况。在大棚温度条件具备的情况下,要尽量抢早定植,以增加前期产量,提高经济效益。但也不宜过早,过早易遭受冻害和低温冷害。棚内土温和气温是确定定植日期的主要条件,具体指标是:10 厘米土温稳定通过 10℃,气温稳定通过 8℃即可定植。

5. 定植前准备

(1)施肥整地 前茬作物拉秧后,应及时进行深耕耙地,以利晒垡,熟化土壤,同时也可消灭病虫害。基肥用量:每 667 米² 施圈肥 10 000 千克、饼肥 150 千克、磷酸二铵 50 千克、草木灰 150 千克。要南北做畦,平畦栽培时畦宽 1 米。

(2)提早扣膜烤地 在定植前 20~25 天上膜扣棚,以利提高棚温。

6. 定植 定植宜在冷尾暖头的晴天上午进行。大棚定植的密度比温室要大一些。双行定植,行距 50 厘米、株距 26~28 厘米,每 667 米² 栽 5 000 株。如果采用单行定植,行距 1 米、株距 16 厘米,每 667 米² 栽 4 000 株。也可采用主副行高矮秧密植栽培法,定植密度6 000株/667米^2。若有条件,在大棚内加设小拱棚,或设双层膜覆盖。

7. 定植后管理

(1)小心风害 黄瓜定植前后,棚膜刚刚扣上,最初几次遇风,未发现的隐患或薄弱环节都会暴露出来,如不及时处理,很可能吹破大棚。所以,刚刚扣好的大棚,遇有5~6级大风时,应有人监护。经历几次大风,克服了薄弱环节,就比较安全了。

(2)增加防寒保温措施 秧苗由温室环境转入大棚,棚内温度特别是夜温和地温都显著低于温室,加之刚刚定植处于缓苗期,抵抗低温能力很弱。所以,在定植初期,下午5时就应将大棚四周用草苫围上保温。特别是在突然降温的情况下,围苫时间要提前,并要围严。若有条件可在瓜秧上加设小拱棚,或设双层覆盖。夜间应有人监护,若夜间11~12时棚内温度降至3℃~4℃,就应采取加温措施。如果棚外最低气温低于−5℃,就有发生冻害的危险,应采取防寒措施,如在棚内生炭火,或用柴草熏烟驱寒。若外界最低气温−3℃左右,大棚内夜间11~12时可维持8℃左右,一般不会发生冻害。一旦发生轻微冻害,其抢救措施是在日出前给秧苗遮阴,不让阳光照射在秧苗上,同时给秧苗喷少量冷水。

(3)严防高温 黄瓜定植后,秧苗处于缓苗阶段,根系功能没有恢复正常,吸水能力较弱。如果突然遇高温,地上茎叶严重失水,地下部分又不能及时予以补充,在几小时之内秧苗就可能枯死。所以,在定植后若外界气温突然升高,棚内温度(近地面处)超过 30℃时,就要把棚两端的门打开通风,如果温度仍降不下来,就应放侧风。但此时不要割通风口,因为以后仍有大风天,也要做好防风的准备。

(4)中耕保墒,严控水分 定植后 2～3 天要及时中耕,其深度要达到 10～12 厘米,土方上层也要锄动。畦内要普遍搂平锄细,使阳光直射,增加地温,有利新根的发生。若定植灌水适宜,中耕细致,不一定再浇缓苗水。如呈现缺水时,可适量少浇,浇后仍要及时中耕。

(5)喷乙烯利 当黄瓜幼苗 2 片真叶展开时,喷 1 次 200 毫克/千克乙烯利溶液,隔 10 天再喷 1 次,可降低雌花着生节位,增加雌花数量,可增产 15% 左右。

8. 结瓜期管理 结瓜期的管理主要是调节瓜与秧的营养关系。前期主要是促秧控瓜。为了增加早期产量,要适当促瓜;进入结瓜盛期,为了增加总产量,主要是促瓜控秧;转入生长后期,为防止植株衰老,延长结瓜期,改为促秧控瓜。

(1)温度管理

①定植后至根瓜采收 这时外界气温低,时有大风侵袭,棚内气温和地温也偏低,温度管理以保温为主。傍晚和夜间大棚四周要围草苫,定植初期一般不通风。温度白天保持 25℃～30℃,夜间保持 10℃～15℃。为了争取较多的积温,中午可以提高到 35℃。上午棚内气温升

到 28℃开始通风,下午降到 28℃就关闭。这样,棚内30℃气温时间较长,对提高夜间气温有好处。

②从腰瓜坐住到顶瓜采收期 这时露地气温逐渐升高,持续高温时间较长,温度管理以降温为主。气温上午保持 28℃～30℃,下午 20℃～25℃,前半夜 15℃～17℃,后半夜 12℃～15℃。地温白天保持 20℃～25℃,夜间不低于 20℃。

③结果盛期 日夜大通风,通风方式以放肩风为最好,其次是放顶风,最差的是放底风。通风管理应注意 3 个问题:一是定植后至根瓜采收前,由于外界气温低,通风应掌握由小到大,特别不要放底风,防止边沿秧苗低温冷害。大棚内侧四周最好挂上 1 米高的塑料围裙保温。二是为保证棚内有充足的二氧化碳供光合作用,上午通风时间尽量在 10 时之后,因为棚内 10 时之前二氧化碳含量较高,10 时之后二氧化碳会因光合作用的大量吸收而降低。除调节棚内温度外,还应考虑向棚内补充二氧化碳,尽量进行棚内通风。三是为了防止棚内空气湿度过高,每次浇水之后都要及时通风排湿。

(2)肥水管理

①结合浇水根施氮、磷肥 浇水前将尿素或磷酸二氢钾每株根部埋 20～30 克,深 10 厘米,注意不要距根太近,以防烧根,一般距根部 10～15 厘米处即可。也可将肥料溶入水中,随水施入。埋施每 667 米² 用量 20 千克左右,随水施的量要稍大些。

沼液最好根施,可调节作物生长代谢,补充营养,促进生长平衡,增强光合作用能力,改善农作物品质,提高单产。沼液既可单施,也可与化肥、农药、生长剂等混合施用。一般不做叶喷,以免造成污染。

②根外追肥　叶面喷氮肥或三元复合肥。在苗期喷0.3%尿素溶液,能促苗早发。也可喷0.5%硫酸亚铁溶液,促苗健壮,使叶色浓绿。在7片叶时喷洒0.2%硼酸液可保花保果;在大量结瓜时,喷洒0.3%磷酸二氢钾液和0.5%尿素混合液进行补肥,可保瓜增产。在黄瓜开花期,用0.1毫克/千克三十烷醇溶液进行喷施,10天后再喷1次,据试验可增产21%。

喷洒稀土液。在黄瓜始花期,喷洒0.2%硝酸稀土液,能提高品质,增加产量。

9. 适期采收　春提早栽培的大棚黄瓜,一般每667米^{2}产量8 000~10 000千克。要采取各种技术措施,提早收获和增加早期产量,这对增加产值十分重要。采收前期,正是瓜秧迅速生长阶段,为了促秧和防止瓜坠秧,要适度嫩收。进入采收盛期,植株相当茂盛,果实要长得大些再收获。采收后期,植株开始衰老,要根据植株上瓜条多少和大小,确定是否采收。瓜条多,有接班瓜的要早收;瓜条少,半大的接班瓜还未形成的,要适当推迟采收。

(二)大棚黄瓜秋延后栽培

塑料大棚黄瓜秋延后栽培,一般是从7月中下旬播种,11 月下旬结束,生长期 110～120 天。塑料大棚一般为南北向,高 2 米左右,东西宽 8～12 米,南北长视地块而定,以 50～80 米为宜,结构可选竹木结构、水泥立柱竹片拱架结构或无立柱钢筋骨架结构。塑料大棚的扣膜时间一般在 10 月上旬前后,薄膜可选用日光温室用过的旧棚膜,扣膜前 7～10 天应将大棚骨架安装修整完毕。

此茬黄瓜的整个生育期所经历的外界环境变化,与日光温室黄瓜冬春茬栽培的刚好相反,即温度变化由高到低,前期处在高温多雨季节,中期又常常遇到高温干旱,结瓜盛期以后便进入秋冬季。由于塑料大棚性能的限制,随着季节温度的下降和光照减弱,黄瓜生长发育的环境条件越来越差,不久便被迫拉秧。另外,此茬秋延后黄瓜栽培的病虫害也较严重,雨季易发生霜霉病、白粉病、枯萎病、疫病等,高温干旱条件下病毒病发生也很严重;同时,夏秋季也是各种害虫繁殖迁飞的活跃期,害虫的防治工作量也较大,如果管理不当,将大大降低产量。正常情况下每 667 米^2 产量在 2 500 千克左右,每 667 米^2 经济效益在近年来有所增加,可达 3 000～5 000 元。所以,大棚秋延后黄瓜栽培成功的关键在于高温多雨或高温干旱季节,降温防雨涝或防干旱,后期加强防寒保温,尽量延长采收期,同时还要及时防治病虫害。其栽培技术要点如下。

1. 品种选择　选择前期耐热、抗高温及病毒病,中后期耐寒,在较低温度条件下单性结实能力强,抗霜霉病、白粉病、灰霉病、细菌性角斑病等病害,生长势旺盛,同时瓜条适宜做短期贮存的品种。目前,生产上一般采用津研4号、秋棚1号、津杂2号、津春4号、津春5号、津优1号、长青、京旭2号、中农1101、冀黄瓜2号等品种。

(1)津研4号 天津市黄瓜研究所从唐山秋瓜与天津棒槌瓜杂交后代中选育而成的品种。该品种植株生长势中等,基本无侧枝,主蔓结瓜。第一雌花着生在4～6节,属中早熟,从播种到始收60天左右。瓜棍棒形,长35～40厘米,单瓜重200克左右,瓜色深绿,有光泽,无棱无瘤,白刺较密,肉厚而紧密,品质好。耐瘠薄,较抗霜霉病、白粉病,但不抗枯萎病、疫病。该品种适宜秋露地栽培,每667米^{2}栽4 000株左右,一般每667米^{2}产量2 500千克左右。

(2)秋棚1号 中国农业大学园艺系育成的一代杂交种。该品种生长势强,分枝力中等,第一雌花着生在5～8节,单性结实能力强,可多条瓜同时生长。瓜长棒形,长30～35厘米,单瓜重300～400克,瓜色深绿有光泽,瓜条先端无明显黄色条纹,刺瘤适中,质地脆,味香甜,品质佳,适宜保鲜贮藏。该品种在秋延后栽培时,后期遇到较低的温度,瓜条也能正常膨大,有较好的耐涝性,对霜霉病、白粉病和炭疽病有较强的抗性,对枯萎病的抗性强于津研4号。该品种在大棚秋延后栽培的播期为7月中下旬,一般采取直播,每667米^{2}栽3 500～4 500株,每667米^{2}产量3 000千克左右。

（3）津杂2号　天津市黄瓜研究所育成的一代杂种。该品种植株生长势强，叶色深绿，主、侧蔓结瓜，侧枝4～6个，第一雌花着生在4～5节。瓜长棒形，长35～40厘米，横径3.3～3.8厘米，单瓜重250～350克，瓜色深绿，白刺，棱瘤明显，瓜头有黄色条纹，品质优良。该品种抗霜霉病、白粉病和疫病。每667米^{2}产量5000千克以上。适宜春季塑料大棚、春露地和秋延后栽培。每667米^{2}栽3500～4000株，每667米^{2}施基肥5000千克以上，注意及时整枝打杈，防治细菌性角斑病。

（4）津春4号　天津市黄瓜研究所育成的一代杂种。该品种植株生长势强，叶色深绿，主、侧蔓结瓜，分枝较多。第一雌花着生在4～6节，瓜码密，坐瓜多。瓜条棍棒形，长30～35厘米，横径3～3.8厘米，单瓜重200～250克，瓜深绿色，有光泽，刺瘤明显，白刺，略有棱，肉厚、致密、脆甜，品质佳。较早熟，丰产性好，抗霜霉病、白粉病和枯萎病。该品种适宜春季小棚、地膜覆盖、春秋露地及秋延后栽培，夏秋栽培可采用直播，每667米^{2}栽3500～4000株，一般每667米^{2}产量5000千克以上。

（5）津春5号　天津市黄瓜研究所育成的一代杂种。该品种属鲜食及腌渍加工兼用品种。植株生长势强，叶色深绿，主、侧蔓结瓜，第一雌花着生在4～5节，瓜码密，坐瓜多。瓜条棍棒形，长30～35厘米，单瓜重200～250克，瓜深绿色，刺瘤中等，口感脆嫩，商品性好。较早熟，丰产性好，抗霜霉病、白粉病和枯萎病，尤其是在重茬地表现出较强的抗病性。该品种适宜春秋露地及秋延后栽培,夏秋栽培可采用直播,每 667 米² 栽 3 500～4 000 株,一般每 667 米² 产量 3 000 千克以上。

2. 播前准备 塑料大棚黄瓜秋延后栽培,应注意选择地势平坦、土质肥沃的地块,避免重茬,播种前 10～15 天进行整地施肥,深翻 25～30 厘米晒垡。结合翻地施入基肥,一般每 667 米² 施腐熟细碎有机肥 3 000～4 000 千克,并翻耕使肥土混合均匀。若前茬蔬菜基肥超过 7 500 千克,这茬黄瓜还可以适当少施基肥。播种前 5～7 天做好播种畦,一般做小高畦或水平畦,畦宽 70～80 厘米,四周挖排水沟,以便在小苗期间浇小水降低地温,下雨时有利于雨水及时排出。

秋延后栽培播种及苗期正处在夏秋高温多雨季节,易发生各种病害,特别是结瓜前期雨水多,影响根系发育。因此,从播种开始,要搭设遮阴、降温、防雨拱棚。遮阴棚拱架可与塑料大棚拱架结合搭建,遮阴棚一般采用覆盖透明度较差的废旧塑料薄膜,或在膜上覆盖一些遮阴物,如麦秸、苇席,薄膜四周全部揭开,这样可以有效地预防疫病等土传、水传病害的发生。当然,有条件的采用遮阳网覆盖效果最理想。

3. 适期播种

(1)播种期的确定 首先是根据当地自然气候条件下,黄瓜在大棚内生长发育时间来确定,一般以提前 4 个月播种比较适宜。如大棚内霜冻期在 11 月中下旬,则以

7月中下旬播种为好。其次是供应期应赶在秋露地黄瓜结束、温室黄瓜上市的前期。

没有加温设施的单层大棚,黄瓜生产可维持到降霜后20～25天;多层覆盖并加温的大棚黄瓜采收期可长达90天,采收前、中、后期大体上各1个月,大棚秋延后栽培前、中期收完即可拉秧。一般定植后25天左右开始收获根瓜,再加上采收前期和中期50～60天,整个延后栽培天数为80天左右。具体栽培期为霜前55天至霜后25天。霜前55～60天即为延后栽培的定植期。定植前20～25天即为适宜的播种期。以甘肃白银市为例,当地的初霜期为10月中旬,适宜定植期是8月10～15日,播种期为7月10～20日。

(2)播种方式　可采取干籽直播,也可浸种催芽后再播种。一般直播的,出苗齐,抗性强,此茬黄瓜最好不要育苗移栽,如缺苗再补栽,会出现大小苗不齐,而且移栽、补栽苗的抗性弱,成为日后发病的最初侵染源。为此,应提倡直播,保证幼苗一次出齐、出壮。播种前先行整地,夏秋季多雨,为防涝害不宜深耕。基肥用量不必过多,每667米^2 4 000～5 000千克,但一定要腐熟好。具体方法:秋延后栽培一般做成平畦,畦宽1.3米,每畦播种2行。先在畦上开沟,沟深3厘米,沟内浇水,水渗后按穴距20厘米点种,每穴3粒种子,然后覆土。每667米^{2}播种量250克左右。播种后傍晚要施毒饵,以防地下害虫。

4. 适时定苗

(1)密度 夏秋季气温高,秧苗生长快,要早间苗,但要晚定苗,播种后 7～10 天,当幼苗出齐、子叶展平至第一片真叶展开时,应及时分期间苗、补苗。选留健壮、整齐、无病的秧苗。当秧苗长出 3 片真叶时要及时定苗,苗龄越小越好,按每 667 米^2 4 500 株左右的密度定苗。定植应在阴天或晴天下午 4 时后进行,定植后马上浇水。

(2)喷乙烯利 夏秋高温季节,黄瓜雌花出现的节位偏高,往往在 6～8 节以上,且数量较少,一般间隔 2～3 节才有 1 朵雌花。乙烯利喷射到植物体上,在一定的酸性条件下可以释放出乙烯气体,乙烯可以促进黄瓜雌花的形成,表现为第一雌花出现节位降低,大大增加雌花数目,而雄花数量大幅度下降。因此,生产上为增加产量,促进黄瓜植株的雌花分化和发育,多在黄瓜幼苗 2 叶 1 心和 4 叶 1 心时分别喷施 150～250 毫克/千克乙烯利 2 次。结合喷水降温,可叶面喷施 0.1%～0.2%磷酸二氢钾以及其他叶面肥,同时注意防虫防病,确保苗齐苗壮。

(3)根施沼液 沼液是沼气发酵后的残留液体,总固体含量小于 1%,主要是速效养分,总氮含量为 0.03%～0.08%,总磷(P_2O_5)含量为 0.02%～0.07%,总钾(K_2O)含量为 0.05%～1.4%,其生物活性物质含量丰富,如氨基酸、微量元素、植物生长刺激素、B 族维生素、某些抗生素等。好氧处理后的沼液经过芽孢杆菌、光合菌、乳酸菌、酵母菌、醋酸杆菌和放线菌群等多种微生物发酵,通过矿质化,养分由无效态和缓效态变为有效态和速效态,经过腐殖化,产生糖化酶、蛋白酶、淀粉酶、脂肪酶等多种特效代谢物质,能大幅增加基土养分,提高土壤微生物活性,有效促进土壤中物质和能量的转化、腐殖质的形成和分解、养分的释放、氮素的固定等。

（4）中耕　苗期要多次浅中耕,松土保墒促扎根。雨后要及时浇小水、喷药防病保苗。遇高温干旱,为降低温度,应适当增加浇水次数及数量。每次浇水后,都应加强中耕松土。若发现幼苗徒长,可用矮壮素或缩节胺500~1 000毫克/千克喷洒。

5. 结瓜期管理

（1）温湿度管理　结瓜期随季节变化可分为前、中、后3个阶段。具体掌握是:前期7月中旬至8月下旬,以遮阴、降温、控水、防病、保壮苗为主。中期9月上旬至10月上旬,随外界气温的降低,一方面逐渐加大水肥供应促进结瓜,增加产量,另一方面及时搭建、修整或加固大棚拱架,撤换原有保温透光性能差的塑料棚膜。后期10月中旬以后,加强保温控湿,保坐瓜,延长采收期。在外界气温降至15℃时,逐渐放下棚膜,白天加大通风量,夜间缩小通风口。当外界气温降至15℃以下时,夜间闭风,白天超过30℃通风。以后,随外界气温的进一步下降,通风排湿时间改在午前超过25℃时进行,午后20℃时就要关闭风口,使棚温不低于12℃。寒露前后棚外气温下降较快,要逐渐缩短通风时间,最后完全密闭,加强防寒措施,夜间加围草苫,以尽量延长采收期。如果采取夜间围草苫并加火增温的办法,此茬黄瓜采收期可延长至11月中旬。在黄瓜采收前期,随采随卖,采收中后期,黄瓜可经短期贮藏(水藏或沙藏)后,分期分批上市销售,以争取更大的经济效益。

(2)水肥管理 一般是初花期控水,定植后到根瓜伸腰前,要控制肥水,为防止徒长,一般不旱不浇,并要少浇,不要大水漫灌。从结瓜到盛瓜期,既是植株生长旺盛期,也是气候条件最适宜期,此期要加强肥水管理,每5~7天浇1次水,隔1次水追1次肥,以腐熟的粪稀为好,也可追施化肥,每667米²施速效复合肥或磷酸二铵15~20千克,连续追施3次即可。每次浇水后及时插架绑蔓、整枝打杈摘心,随气温降低逐渐延长到10~15天浇1次水,后期密闭保温一般不再浇水。总之,要根据气候灵活掌握。

霜降过后,生长逐渐转弱,对肥水需要也逐渐减少,此期大棚已严密封闭,一般不再追肥,不旱不浇水。每隔5天可进行1次叶面追肥。

6. 采收 采瓜要及时,防止采瓜过迟,造成坠秧。根瓜要适时早采收,拖延采收会影响瓜秧生长和第二条瓜的伸腰。第一条瓜采收后可短期贮藏再上市。第二、第三条瓜,对秋延后栽培来说,已进入盛果期,待瓜条充分达到商品瓜程度时采收,可适当推迟采收。一般秋延后栽培,每株可采3~5条瓜,高度密植的通常每株只采3

条瓜。适当密植,定植期较早,生育期达到 90～100 天的,每株可采收 5 条瓜。在进入盛果期之后,每株采瓜数要及早确定,多余的雌花、幼果要及时疏掉,并进行摘心。最后 1～2 条瓜要尽量延迟采收,在气温冷凉的条件下虽然不再长大,只要不受冻害便可起到在植株上挂果贮藏的作用。采收之后还可保鲜贮藏 1 个多月,这对改善市场供应和增加收入都十分重要。

7. 加强病虫害防治

(1)主要病害 此茬黄瓜的主要病害是病毒病、霜霉病、白粉病等。黄瓜霜霉病、白粉病等病害的防治可参考第六章有关内容。

黄瓜病毒病在幼苗期及结瓜初期均可发病,整株危害,损失较大。黄瓜植株感病后叶片呈现为浓绿和浅绿相间的花叶状,以后随病情扩展叶片逐渐皱缩,特别是顶端幼嫩的叶片质地硬脆,整个植株矮小。瓜条受害后,表面凹凸不平,颜色深浅不一,属畸形瓜,失去商品价值。该病原菌主要是黄瓜花叶病毒(CMV),高温干旱,植株长势较弱,蚜虫等带毒昆虫危害,易感染病毒病。在防治措施上,除选用优良抗病品种、及时清除杂草、积极除治蚜虫外,还应创造条件,避免高温干旱带来的不利影响。同时,采用 20%吗胍·乙酸铜可湿性粉剂 400 倍液,或 1.5%烷醇·硫酸铜乳剂 1 000 倍液,或 5%菌毒清可湿性粉剂 200～400 倍液,在发病初期进行叶面喷施,7～10 天喷 1 次,连喷 2～3 次,可预防和控制黄瓜病毒病的发生和蔓延。

(2)主要害虫　有红蜘蛛、蚜虫等。红蜘蛛,属蛛形纲前气门目叶螨科。成虫雌虫体长仅 0.42～0.51 毫米,成虫雄虫体长仅 0.26 毫米左右,该虫以幼螨和若螨群集叶背吸食汁液,受害叶片呈现黄白色,严重时变黄枯萎,高温干旱有利于该虫的繁殖和生存危害。防治措施除经常保持土壤湿润、避免过于干旱、及时清除田间杂草外,可采用化学药剂防治。可用 40%氰戊·杀螟松乳油 2 000～3 000 倍液,或 40%氰戊·马拉松乳油 2 000～3 000 倍液,或 20%复方浏阳霉素乳油 1 000～1 200 倍液,或 50%硫悬浮剂 200～300 倍液防治。

蚜虫可采用 2.5%溴氰菊酯乳油 2 000～3 000 倍液,或 40%氰戊·马拉松乳油 2 000～3 000 倍液,或 25%噻虫嗪可湿性粉剂 2～3 克/667 米^2,加水 15 升喷施防治。

三、小拱棚黄瓜栽培

小拱棚是指用塑料薄膜覆盖的小型拱棚,作短期覆盖栽培。小拱棚栽培黄瓜多为春提早栽培,把露地栽培的春黄瓜提早定植,利用小拱棚的保温防霜性能,在没有断霜前提早定植、提早收获,延长供应期,提高产量和效益。

小拱棚的特点是,晴天阳光充足升温快,夜间降温也快。遇到寒流时,有时棚内气温接近外温,但低温时间短、地温较高。因此,小拱棚保温性能有限,只能比露地提前 10～15 天定植,但采收期却能提早 15～20 天。小拱棚空间小,只能覆盖一段时间,当露地气候适合黄瓜生长时,就应拆除拱棚转为露地生产。

(一)品种选择

选择对温度适应能力强、抗病、瓜码密、早熟、高产、适宜露地早熟栽培的品种,如津春 2 号、津春 4 号、津春 5 号、中农 12 号、中农 14 号、金早生等品种。

(二)育　苗

小拱棚栽培的目的是早熟,小拱棚应育大龄苗,苗龄 50～60 天,5～6 片叶的大苗,定植后缓苗快,拱棚内空气湿度大、气温和地温较高,有利于根系生长,茎叶生长也较快。由于小拱棚内昼夜温差大,秧苗必须有较强的抗逆性,最好在温室内育小苗,移植到冷床或小拱棚夜间覆盖草苫的育苗畦培育成大苗,也可以在温床内育苗,后期停止加温后,变为冷床,充分进行低温炼苗。育苗方法同日光温室。

(三)整地施肥

在头年秋季作物收获以后,要深翻土地,进行冬季晒垡。在早春,晚霜前 20 天,每 667 米^2 施腐熟有机肥 5 000 千克、磷酸二铵 20 千克,施后翻地,使肥料与土壤混合均匀。耙平,做成宽 70 厘米的平畦。在条件允许的前提下,最好做成南北向的畦。

(四)建小拱棚

栽培黄瓜的小拱棚,一般棚高 35～50 厘米、宽 70 厘米。可用柳条、竹片、细竹竿或 8 号铁丝做成拱形架。棚膜可用宽地膜或大棚膜覆盖。先插好拱形棚架,每 50～60 厘米一道架。为了拱架牢固,可在拱架上绑一道纵向拉杆。拉杆可用细竹竿或高粱秆。棚架搭好后选无风晴天扣膜。扣棚膜应在定植前 10～15 天进行,提前扣膜其目的是提高地温。先沿畦的一侧靠棚架脚开沟,将膜的一边埋入沟内并踩实,再将膜沿棚架展开拉紧,膜的另一边也埋入畦的另一侧沟中踩实。两头也开沟用土封严埋实。

(五)定　植

小拱棚春提早栽培黄瓜,掌握适宜的定植期非常重要,定植过早,容易遭受冻害,定植过晚,不能提早采瓜上市。适宜定植期为 3 月下旬。一般在晚霜前 4～6 天定植较适宜。要选择温暖无风天的上午进行。定植的行距 70 厘米,宽的畦栽 2 行,株距 30 厘米。用"水稳苗"法浇水。定植后马上覆盖好棚膜,尽快提高棚温。

为达到缓苗快、长势旺的目的,首先必须在定植过程中保护好根系,尽量减少根系的损伤。定植以后采取各种措施,促进根系生长,根系旺盛,地上部茎叶长势自然

旺盛。为此,应采取下列措施:

第一,搞好囤苗。囤苗时间长短,主要取决于苗床土质,沙壤土干得快,囤苗时间应短些,黏壤土干得慢,囤苗时间可长些。适宜的囤苗时间5～7天。调制培养土时除考虑到肥力外,还应考虑到培养土的质地,最好是壤土偏重一些。

第二,提前烤畦。定植畦应提前10天左右扣棚烤畦,提高地温。

第三,暗水稳苗。按要求的株行距挖穴。穴的深度12～13厘米,使定植后原土坨与地表齐平即可。先浇水后放苗坨,但绝不能等穴中水渗干后坐苗坨,就是一边浇水一边放坨,动作要连续,才能使土坨浸湿,要求穴中水渗完时,苗坨已全湿透。如没湿透苗坨,应适量补浇一些水。定植不可过深。农谚说:“茄子没脖,黄瓜露坨”,就是说黄瓜要求栽得浅些,因为黄瓜是浅根系,栽得浅,根系发育好,而且浅层土壤温度比深层高,有利于根系发育。

第四,严盖膜。定植后到缓苗前严盖膜,提高气温与地温,促进幼苗生长。遇有白天高温时,回盖草苫遮阴,防止秧苗萎蔫。一般情况下不通风。

(六)田间管理

1. 定植后管理

(1)畦温管理　缓苗后白天适当通风,白天畦温20℃～25℃,夜间15℃左右。4月中旬,若白天气温达

20℃以上时,可将塑料薄膜全部揭开,令其接受自然光照,下午 4 时左右再将薄膜盖上,盖部分草苫,防止风把薄膜吹跑。因为有棚膜的覆盖,白天升温较快,所以在无风晴天时,要特别注意棚内温度,防止高温烤伤秧苗。当棚温达到 28℃ 时开始通风,下午降至 28℃ 时开始闭风。前期可在小拱棚两头通风,当气温逐渐提高后,可在拱棚中间侧面揭膜通风。大风天,注意拱棚的维护工作,一旦有吹破的缺口,要当即修补好。当天气变暖,绝对晚霜已过,夜间再无 10℃ 以下低温危害时,可将棚膜撤掉。在撤膜前 5~6 天内,夜间要加大通风量,延长通风时间,使秧苗逐渐适应露地气候条件。从定植到撤膜,一般为 60~75 天时间。撤膜后,要进行 1 次深、细、透的中耕松土,提高地温,促进黄瓜发根。

(2)光照管理　黄瓜生物学特性之一是在低温短日照条件下形成的雌花多雄花少。春季小拱棚早熟栽培的黄瓜,2 月中旬开始播种,此时尽管千方百计提高苗床温度,苗床温度也不是很高。如果每天控制揭盖草苫时间,使幼苗见光时间达 8 小时左右,则有助于黄瓜雌花节位降低,雌花增多。黄瓜第一片真叶时期,正分化 5~6 节的花芽;第二片真叶展开时,已分化 8~9 节花芽;第三片真叶时期已分化 15~16 节花芽;第四片真叶时期正分化 20~21 节花芽。由此可见,为增加黄瓜的瓜码,在育苗期间应注重用低温短日照处理。此外,喷洒乙烯利也能使黄瓜瓜码增多,用 0.1‰~0.2‰ 乙烯利喷洒叶片,能使黄瓜瓜码多,通常在 2～4 叶期喷 2 次。甚至定植后仍可用乙烯利处理,也有增加以后瓜码的效果。

(3)中耕松土　缓苗后及时中耕,中耕后看幼苗长势与土壤干湿程度浇 1 次小水,然后再连续中耕 2 次,每次中耕深度可达 7～10 厘米,行间及株间要耕到。但无论怎样中耕,都不能损伤定植时幼苗带的土坨。中耕能提高地温,增加土壤的通透性,有利于根系生长。

2. 初花期管理

(1)温度管理　温度管理是此期管理的关键,要求气温在 32℃以下,防止因高温造成徒长和花芽分化不良,并防止大风造成棚膜损坏。

(2)插架、绑蔓　为防止风甩秧苗,定植后力争当天插架,黄瓜多采用"人"字形花架,一株苗插 1 根竹竿,插在幼苗外侧。竹竿上端两行绑在一起。当瓜蔓长高不能直立生长时,应及时绑蔓,以后每隔 3～4 片叶绑 1 次,绑绳与架竿和蔓呈"8"字形,可防止蔓与架竿摩擦或下滑。绑得不能过紧,空隙以能插进食指为宜。每次绑蔓要使瓜蔓顶端固定在同一高度,以便于管理。绑蔓最好在下午进行,不易折伤蔓和叶。

3. 中后期管理

(1)撤覆盖物　于晚霜过后,夜间温度稳定在 10℃以上时,一般 6 月 10 日左右,将棚膜、草苫全部撤掉,此时黄瓜大部分已开花,部分已坐瓜。

(2)搭架吊蔓　在垄的两头各插 1 根 1～1.2 米高的

木杆,用铅丝拉在木杆上,拉紧,两端固定牢固,中间每隔3~5米设支架撑住后,用细绳将瓜秧吊起。

(3)瓜蔓整理

①打杈　以主蔓结瓜为主的品种,如果基部生有侧蔓,影响结瓜,应及时摘除。中上部侧枝一般长不大,结瓜早,可以在结瓜后留1~2片叶摘心。打杈应在晴天进行,伤口愈合快。不要在阴天或有露水时打杈,防止伤口腐烂,传染病害。

②摘心　主蔓爬到架顶后要及时摘心,一般在长足30~35片叶时进行。摘心可促进回头瓜的生长。摘心的时间还应根据品种特性而定,易结回头瓜的品种,一般在拉秧前1个月摘心。摘心过早,产量低;摘心过晚,不能充分发挥结回头瓜的作用。以侧蔓结瓜为主的品种,应在主蔓4~5片叶时摘心,保留2条侧蔓结瓜。

③掐卷须,打老叶　黄瓜自第三片真叶展开后,每一叶腋间都生卷须,它能消耗大量的营养,当卷须长出后应及时掐去。黄瓜生长后期,下部叶片黄化干枯,失去光合作用功能,影响通风透光。可将黄叶、重病叶及内膛个别互相遮阴的密生叶打去。

(4)适时采收　要求黄瓜采收要早,一般根瓜长到100~150克时要及早采收,防止因争夺养分而影响花芽分化和后期产量。露地春黄瓜一般在定植后25~30天开始采瓜,采收期40~60天。一般每667米² 产量3 500~4 500千克。采瓜要适时,当瓜条顶端由尖变圆时采收。

此时瓜条已充分长大,又不老,是采收适期。采收过早,产量低,虽嫩,但汁液少,风味差;采收过晚,皮厚硬,质量差,不好销售,且坠秧,妨碍其他瓜的生长。采收时,既要看瓜的生长情况,又要看整个植株生长和坐瓜情况。采根瓜时,因瓜秧还小,根系还在生长,根瓜着生节位低,若不及时采摘,会影响植株生长,所以要适当早采,不仅可提早上市,还能防止坠秧和化瓜。若植株弱且发不出秧时,可将根瓜在幼小时就疏掉。若植株生长旺盛,秧上瓜适当晚采,让秧上总有中、小瓜,这样可防止徒长。结瓜盛期,茎叶生长旺盛,瓜条可充分长大再收,一般隔1天收瓜1次。结瓜后期,植株已衰老,易出现畸形瓜,这种瓜应及早摘除,使营养集中供应正常瓜条。采瓜应在早晨进行,此时品质脆嫩。黄瓜在采收装箱过程中,要轻拿轻放,让瓜条顶花带刺。

4. 水肥管理　随着黄瓜植株的生长发育和产量的增加,需水、需肥量增大,因此从根瓜采收后开始必须加强灌水、追肥,做到见干见湿,少施勤施。因黄瓜对氮、磷、钾的需用量都较大,因此,施肥时不能偏施氮肥,要保证有足够的磷、钾肥,以满足花芽分化和果实生长发育。结合浇水每 667 米^2 每次施入尿素 20 千克、磷酸二铵 20 千克、硫酸钾 10 千克,并适时进行叶面追肥。

(1)浇水和中耕松土　定植后 4～5 天,当心叶开始生长、地下部长出大量新根时,浇 1 次缓苗水。浇水后一直到根瓜坐住一般不浇水,进行中耕松土。第一次中耕要求深、透、细,深 7 厘米左右,苗坨周围也要锄透,但不能伤根,中耕目的是疏松土壤、提高地温、促进根系生长,控制茎叶生长、蹲苗。当大部分植株的第一个瓜(叫根瓜)坐住时(瓜长到 12 厘米左右,不易化瓜时叫坐瓜)结束蹲苗,开始浇第一水,这一水要适当大些。以后浇水要看天、看秧,灵活掌握。当地皮不黏时,进行第二次中耕,要浅锄,结合中耕除掉杂草。在根瓜采收期,天还不太热,蒸发量较小,秧苗也不太高,浇水不能太勤,水量也不宜过大,一般每隔 6～7 天浇 1 次水。从采收腰瓜到采收顶瓜是盛瓜期,气温已高,蒸发量大,茎叶茂盛,生长快,结瓜多。此期是黄瓜一生中需水最多的时期,一般每隔 3～4 天浇 1 次水,水量也不宜过大,主张小水勤浇,切忌大水漫灌。采收顶瓜以后,瓜秧逐渐衰老,茎叶生长量已小,又处于雨季,要控制浇水次数。不下雨时每隔 5～6 天浇 1 次水,使地皮不干为宜。在浇水时间上,结瓜前期最好在上午进行,结瓜盛期和后期,浇水在傍晚进行,可降低地温。黄瓜怕涝,雨后要注意排水,避免畦内积水。

(2)追肥 在蹲苗结束时结合浇第一水追 1 次肥,以后每隔 1～2 次浇水追 1 次肥,盛瓜期每隔 7～10 天随水追 1 次肥。追肥原则应掌握少量多次。追肥种类以化肥为主,其次是腐熟的人粪尿。每次每 667 米^2 追肥数量:硫酸铵 10～20 千克,或尿素 5～10 千克,或碳酸氢铵 15～25 千克,或人粪尿 750 千克。

第五章　黄瓜的采收、分级、运输与贮藏

黄瓜脆嫩清香、稍带涩味,是上等美味蔬菜。但黄瓜不耐贮,夏季采摘后 4～5 天就失鲜,易失水变"糠",瓜味变甜甚至变酸,色泽变黄,瓜头逐渐膨大,尾部收缩、变软,最后无法食用。如何保持其原有的风味,达到安全、优质、营养的消费要求,产后的采收、分级、包装和贮运等诸多环节尤为重要。

一、采　收

要适时采收。同一品种不同采收期贮藏试验表明:耐贮性未熟期采收(授粉后 8 天)＞适熟期(授粉后 11 天)＞过熟期(授粉后 14 天)。黄瓜采后生长活动仍十分活跃,基部(柄部)养分不断地向顶端输送,使基部糠心,顶端种子发育膨大。就耐贮性而言,一般表皮较厚、果肉丰满、固形物含量高的品种较耐藏;晚熟品种比早熟品种耐藏;由于黄瓜表皮刺多时,易于碰伤或碰掉,伤口易感染,因此刺少的品种较耐藏。同一品种,幼嫩瓜贮藏效果好,成熟度高则易衰老变黄。但过嫩时,含水多,固形物少,也不耐藏,易腐烂。采摘要求顶花带刺,瓜身碧绿。贮藏的黄瓜应采植株中部生长的"腰瓜",条直、壮实,下

部接近地面的瓜,因与泥土接触,瓜身易带病菌而腐烂,不能用于贮藏。采摘黄瓜最好于清晨或下午 3 时以后进行,一手掐住果柄,一手用剪刀剪下,注意保护瘤刺,不要碰伤瓜刺。采收前 1～2 天不宜浇水。

二、果实的品质

黄瓜的果实品质由感官品质、产品安全性、内在营养和食用风味 4 部分构成。感官品质指果实大小、长短、色泽、质地、新鲜度、整齐度等方面;产品安全性主要包括农药残留、重金属残留、硝酸盐和亚硝酸盐含量(表 1);内在营养主要指维生素、有机酸和矿物质的多少;风味(即口感)则由含糖量、含酸量、肉质和果汁量等综合形成。黄瓜生产的目的,就是要选择适合的品种,应用综合配套的栽培技术,生产出食用安全、外形美观、营养丰富、风味优良的优质产品,满足不同消费群体的消费需求。

表 1　无公害黄瓜卫生指标

序号	通用名称	限量指标 (≤毫克/千克)	序号	通用名称	限量指标 (≤毫克/千克)
1	甲拌磷	不得检出	24	氯氰菊酯	0.2
2	马拉硫磷	不得检出	25	氰戊菊酯	0.2
3	对硫磷	不得检出	26	氟氰戊菊酯	0.2
4	久效磷	不得检出	27	顺式氯氰菊酯	0.2

续表1

序号	通用名称	限量指标（≤毫克/千克）	序号	通用名称	限量指标（≤毫克/千克）
5	克百威	不得检出	28	联苯菊酯	0.5
6	涕灭威	不得检出	29	三氟氯氰菊酯	0.2
7	甲胺磷	不得检出	30	顺式氰戊菊酯	2
8	氧化乐果	不得检出	31	甲氰菊酯	0.5
9	六六六	0.2	32	氟胺氰菊酯	1
10	滴滴涕	0.1	33	三唑酮	0.2
11	敌敌畏	0.2	34	多菌灵	0.5
12	乐 果	1.0	35	百菌清	1
13	杀螟硫磷	0.5	36	噻嗪酮	0.3
14	倍硫磷	0.05	37	五氯硝基苯	0.2
15	辛硫磷	0.05	38	除虫脲	20
16	乙酰甲胺磷	0.2	39	灭幼脲	3
17	敌百虫	0.1	40	铅（以 Pb 计）	0.2
18	亚胺硫磷	0.5	41	镉（以 Cd 计）	0.05
19	毒死蜱	10	42	氟（以 F 计）	1
20	抗蚜威	1	43	砷（以 As 计）	0.5
21	甲萘威	2	44	汞（以 Hg 计）	0.01
22	二氯苯醚菊酯	2	45	硝酸盐	600
23	溴氰菊酯	0.2	46	亚硝酸盐（$NaNO_2$）	4.0

注：引自 GB 18406.1—2001、NY 5074—2005、NY 578—2002。其他请参照相关的国家标准和行业标准。

三、分　级

采收后的果实,应按标准(NY/T 1587—2008)进行分级,便于以后贮运中分别管理和在流通中按质论价。

分级的基本要求:同一品种或相似品种,瓜条已充分膨大,但种皮柔嫩;瓜条完整,无异味;清洁、无杂物、无异常外来水分;外观新鲜、有光泽,无萎蔫;无任何异常气味和味道;无冷害、冻害;无病斑、腐烂或变质产品;无虫害及其所造成的损伤。

(一)等级标准

等级划分:在符合基本要求的前提下,共分为特级、一级和二级,见表2。

表2　黄瓜等级划分

等　级	要　求	允许误差
特　级	具有该品种特有的颜色,光泽好;瓜条直,每10厘米长的瓜条弓形高度≤0.5厘米;距瓜把端和瓜顶端3厘米处的瓜身横径与中部相近,横径差≤0.5厘米;瓜把长占瓜总长的1/8;瓜皮无因运输或包装而造成的机械损伤	允许有5%的产品不符合该等级要求,但应符合一级要求

续表 2

等　级	要　求	允许误差
一　级	具有该品种特有的颜色,有光泽;瓜条较直,每 10 厘米长的瓜条弓形高度>0.5 厘米且≤1 厘米;距瓜把端和瓜顶端 3 厘米处的瓜身横径与中部的横径差≤1 厘米;瓜把长占瓜总长的 1/7;允许瓜皮有少量因运输或包装而造成的机械损伤	允许有 10% 的产品不符合该等级要求,但应符合二级要求
二　级	基本具有该品种特有的颜色,有光泽;瓜条较直,每 10 厘米长的瓜条弓形高度>1 厘米且≤2 厘米;距瓜把端和瓜顶端 3 厘米处的瓜身横径与中部横径差≤2 厘米;瓜把长占瓜总长的 1/6;允许瓜皮有少量因运输或包装而造成的机械损伤,但不影响果实耐贮性	允许有 10% 的产品不符合该等级要求,但应符合基本要求

(二)规　格

规格划分:根据黄瓜果实的长度,分为大(L)、中(M)、小(S)3 个规格,具体要求应符合表 3 的规定。

表 3　黄瓜规格划分　(单位:厘米)

	大(L)	中(M)	小(S)	允许误差
长　度	>28	16~28	11~16	特级允许 5%,一、二级允许 10% 的产品不符合该规格规定
同一包装中最大和最小果长的误差	≤7	≤5	≤3	

四、包　装

分级后应按如下要求包装。

(一)基本要求

同一包装内产品的采收日期、产地、品种、规格应一致,同一包装内产品应按相同顺序摆放整齐、紧密;包装内的产品可视部分应具有整个包装产品的代表性。

(二)包装方式

包装方式应采取水平排列方式包装。宜使用瓦楞纸箱或聚苯乙烯泡沫箱进行包装,包装材料应清洁干燥、牢固、透气、无污染、无异味、无虫蛀,且符合 GB/T 5033、GB/T 6543 或 GB 9689 的要求。

(三)净含量及允许负偏差

根据黄瓜规格和利用包装的材料不同,允许设计不同的包装容器,但每包装单位的净质量应≤20 千克。每包装单位净含量及允许负偏差按质量监督检验检疫总局令 2005 年第 75 号规定执行。

(四)标　识

包装容器外观应明显标识的内容包括:产品名称、等级、规格、产品执行标准编号、生产和供应商及详细地址、产地、净含量和采收、包装日期和贮存要求。标注的内容要求字迹清晰、牢固、完整、准确。

包装容器外部应注明防晒、防雨、防摔和避免长时间滞留标识,标识应符合 GB 191 的要求。

五、运输和贮藏

运输:黄瓜收获后应就地修整,及时包装、运输。高温季节长距离运输宜在产地预冷(8℃～10℃,5～6 小时),并用冷藏车运输;低温季节长距离运输,宜用保温车(10℃),严防受冻。运输工具要求清洁卫生、无污染。运输时,严防日晒、雨淋,注意通风。

贮存:临时贮存应在阴凉、通风、清洁、卫生的条件下,严防烈日暴晒、雨淋、冻害及有毒物质和病虫害的危害,存放时应堆码整齐,防止挤压等造成的损伤。中长期贮存时,应按品种、规格分别堆码,要保证有足够的散热间距,保持适宜的温度和湿度,具体贮藏指标见表 4。

表 4　黄瓜最佳贮藏指标

指　标	参　数	指　标	参　数
温　度	11℃～13℃	冷　害	＜8℃
空气相对湿度	95%	气体伤害阈值	二氧化碳＞5%
二氧化碳	2%～5%	乙烯催熟阈值	1 毫克/升
氧　气	2%～5%	贮藏期	30～40 天

贮藏入库的技术工艺为：无伤适时早采→剔除病、伤、残果→按顺序装入筐或箱中→无伤运输→及时入库敞开箱口于11℃～12℃预冷库20～24小时→库内装入小保鲜袋中（装置1～2千克）→加入保鲜剂→加入防腐剂→松扎袋口或挽口→装于包装箱中（架藏者最好扎口）→码垛→于11℃～12℃贮藏。

第六章　日光温室黄瓜
病虫害防治技术

　　黄瓜株叶鲜嫩易受病虫危害,病虫害种类较多。在日光温室栽培条件下,相对密闭、弱光、高温、低温、温差悬殊等特殊的生态环境,为病虫害的发生蔓延提供了更为有利的条件,加上轮作倒茬难以实施,使病虫害发生的种类和数量明显增加。同时,其适宜的环境条件也为诸多病虫提供了越冬场所,致使黄瓜病虫危害周年发生,危害程度日趋加重。

一、日光温室黄瓜病虫害发生及危害特点

　　第一,病害严重,危害重,损失大。一般病害发生都要求高湿条件,高湿及叶面结露时间长,叶霉病、灰霉病、褐斑病成为温室黄瓜的主要病害,由此引发的毁棚事件屡见不鲜,产量损失巨大。

　　第二,土传病害和连作障碍问题突出。由于连作年限长,茬口跟得紧、翻晒困难、菌源逐年积累等原因,枯萎病、疫病等土传病害特别是根结线虫危害加重。

　　第三,因低温、弱光引起的生理病害问题十分突出。如沤根、花打顶、畸形瓜等;土壤营养失衡,钾过量、缺钙、

缺硼等。

第四,害虫种类少,但危害重。如温室白粉虱、斑潜蝇、蚜虫、蓟马的危害日趋严重。

二、日光温室黄瓜病虫害的综合防治

根据日光温室病害发生的环境特点,应以预防为主,综合防治。加强日光温室综合管理,增加光照、增温降湿,注意磷、钾肥补给,均衡营养条件,促进作物健康生长,提高作物的抗病力,尽可能改善日光温室蔬菜生产中的不利条件是防治的基础。具体的综合防治措施如下。

第一,增光降湿,预防低温障碍。根据当地条件和茬口选择适宜棚型;选用透光及保温性能优良、流滴性好的消雾棚膜和反光膜;普及垄沟覆草技术,增加多层覆盖,在偏冷地区温室内配备热风炉等辅助加温设施。

第二,重视生态防治,改善种植生态条件。科学、合理地安排作物茬口、蔬菜品种,尽最大可能实施轮作、深翻晒垡、日光能高温闷棚等措施;温室入口和防风口张挂防虫网,严格防止人为将病虫害带入温室内,搞好温室消毒,彻底清除棚室内外的杂草和残枝败叶,不定植带病虫的秧苗,不施用未腐熟或未经杀虫处理的有机肥;提倡使用沼渣、沼液,沼液中含有有机酸中的丁酸和植物激素中的赤霉素、吲哚乙酸以及维生素 B_{12} 对病菌有明显的抑制作用,氨和铵盐、某些抗生素对作物的虫害有着直接杀伤作用,由于无污染、无残毒、无抗药性被称为"生物农药"。

第三,设置黄板、蓝板、诱蝇纸。诱杀蚜虫、白粉虱和美洲斑潜蝇、蓟马成虫。

第四,及时摘除病叶、病果。杜绝再侵染机会,防止扩大蔓延。

第五,选择合格药械,合理用药,科学防治。注意农药的选择与科学使用。合理用药包括:一要对症。即根据病虫种类选择药剂,要选好药、选真药。二要及时。一旦发现病情就要采取多种手段尽快控制蔓延。三要适时。日光温室喷雾以叶面露珠干后为宜,喷粉剂以叶面有露为宜,施烟雾剂治虫放苦时温度比平时略高为好。四要安全。所选药剂必须对作物、人、畜安全。五要合理。稀释倍数、农药混用和前后两次用药的间隔期要合理,既要高效,又要符合规定。六要到位。不同病虫害发生危害部位不尽相同,喷药必须均匀周到,而且要特别注意叶背着药,配药时最好加入与该药相匹配的湿展剂和增效剂,以期事半功倍,经济高效。七要合法。必须根据安全间隔期的要求用药,不用蔬菜上禁用的农药。禁用的农药主要有甲胺磷、甲基对硫磷、对硫磷、久效磷、磷胺、甲拌磷、甲基异柳磷、特丁硫磷、甲基硫环磷、治螟磷、内吸磷、克百威、涕灭威、灭线磷、硫环磷、蝇毒磷、地虫硫磷、氯唑磷、苯线磷、三氯杀螨醇等。

三、日光温室黄瓜主要病虫害的识别与防治

（一）猝倒病

1. 症状 从播种到整个幼苗期均可发病,是苗期毁灭性病害。种子萌芽后至幼苗未出土前受害,造成烂种烂芽;出土幼苗受害,茎基部产生水渍状黄褐色病斑,并逐渐缢缩呈线状,而后很快倒伏,幼苗一拔就断,病害发展很快,几天后成片死亡。湿度大时病部密生白色绵毛霉状物。

2. 发病条件 病菌可在有机质多的土壤中或病残体上营腐生生活,并可存活多年,是猝倒病的主要侵染源。病菌靠土壤中水分的流动、农具及带菌的堆肥等传播蔓延。一般在子叶期最易发病,特别是育苗设施内通风不良,阴、雨、雪天又不揭不透明覆盖物,使幼苗养分消耗过多、生长弱、幼苗过于幼嫩时,更易发生猝倒病。苗床温度低、幼苗生长缓慢时,遇高湿很易发病。育苗期如遇寒流侵袭、通风不足也会加剧猝倒病的发生。

3. 防治方法

（1）加强田间管理 改善和改进育苗条件和方法,加强苗期温湿度管理,预防猝倒病的发生。选择地下水位低、排水良好的地做苗床,施入的有机肥要充分腐熟,种子要消毒,苗床要平整,育苗期间创造良好的生长条件,

增强幼苗的抗病能力。幼苗开始出土后加强通风换气，提温降湿，促进根系发育，增强幼苗抵抗力。苗床温度控制在 20℃～30℃，地温保持在 16℃以上。出苗后尽可能控水，必须浇水时宜选择晴天进行，忌大水漫灌。连阴雨天要让秧苗适当见光。有条件的可用基质穴盘育苗。

（2）床土消毒　育苗床土应选用麦茬、豆茬、葱蒜茬作物 5～25 厘米表土，最好不用菜田土和荒山表土。按土∶有机肥＝2～3∶1 的比例配制育苗土，并在每立方米床土中加入 50％辛硫磷乳油 150 毫升或 95％敌磺钠可溶性粉剂 100 克对 5～8 升清水充分溶解后均匀喷入床土。敌磺钠见光易分解，拌入时要避免见光。拌匀后堆成尖堆，外盖一层塑料膜保存，堆置 15 天后方可使用。

（3）药剂防治　如未进行苗床土壤处理或出苗后发病，可喷洒 72％霜脲·锰锌可湿性粉剂 600 倍液，或 58％甲霜·锰锌可湿性粉剂 500 倍液，或 75％百菌清可湿性粉剂 600 倍液，或 64％噁霜·锰锌可湿性粉剂 500 倍液，或 72.2％霜霉威水剂 600 倍液，或 52.5％噁酮·霜脲氰水分散粒剂 1 500 倍液，或 30％甲霜·噁霉灵 1 500～2 000 倍液，隔 7～10 天 1 次，视病情防治 1～2 次。

（二）立枯病

1. 症状　多在床温较高或育苗后期发生，主要危害幼苗茎基部或地下部，初在茎部出现椭圆形或不规则形暗褐色病斑，逐渐向内凹陷，边缘较明显，扩展后绕茎一周,致茎部萎缩干枯而死亡。受害秧苗死而不倒,故称立枯病。

2. 发病条件 主要由丝核菌引起的真菌病害。病菌以菌丝体或菌核在土壤中越冬,通过土壤传播,且可在土壤中腐生 3~4 年。高温高湿或高温干旱条件易引起该病蔓延。

3. 防治方法

(1)加强苗床管理 出苗后选择温暖的晴天揭膜炼苗,通风换气,严格控制苗床温度。白天床温宜控制在 20℃~30℃,夜间 18℃左右,防止高温高湿。浇水不宜过多。及时拔除病苗,烧毁或深埋。

(2)床土消毒 同猝倒病。

(3)药剂防治 出苗后如有零星发病应及时喷药防治。可用 72.2%霜霉威水剂 400~600 倍液,或 50%多菌灵可湿性粉剂 800 倍液,每隔 7~10 天喷施 1 次,连喷 2~3 次,即可取得理想的防治效果。也可在发病初期喷淋 15%噁霉灵水剂 1 500~2 000 倍液,或 20%甲基立枯磷乳油 1 200 倍液。

(三)灰 霉 病

1. 症状 幼苗期一般从较衰弱的子叶及真叶的边缘或叶尖开始发病,病部初为水渍状,后逐渐变为淡褐色至褐色,多为半圆形,病部往往具轮纹,受害叶片变软下垂。条件适宜时沿叶柄扩展到茎部,初为水渍状斑,后茎腐烂、变细,上生大量的灰色霉层。后期植株折倒,严重时引起成片的幼苗腐烂。

成株期发病,可危害地上部的各个部位。叶片被害时,多从叶尖及叶缘开始,初为水渍状,后颜色变淡,呈淡褐色,病斑扩展不受叶脉的限制,后期病部开裂,潮湿时病斑上生有淡灰色稀疏霉层。茎蔓染病,先形成小点再向四周扩展,凹陷腐烂,上有灰色霉层,具轮纹,致病部折断或以上部分枯死。

花被害时一般从初花期即有发生,花瓣变软、腐烂,表面生霉层,并向果实蔓延,致瓜条腐烂,整个瓜体被灰色霉层覆盖。腐败脱落的残花往往是引起叶部、叶柄、茎蔓感染的传染源。因此,及时清理残花是防病的主要环节之一。

2. 发病条件　真菌病害。病原主要以菌核在土壤中或以菌丝体及分生孢子在病残体上越冬,成为翌年的初侵染源。病组织上产生分生孢子随气流、浇水、农事操作等传播蔓延,形成再侵染。田间农事操作是传病途径之一。病果、病叶不带出棚外深埋,随意扔弃,最易使孢子飞散传播危害。该病对湿度要求很高,一般12月份至翌年3月份、气温20℃左右、空气相对湿度90%以上的多湿状态易发病。15℃以下低温持续时间长时,发生重。

3. 防治方法

(1)生态防治　晴天上午使棚温迅速升高,20℃～25℃开始放顶风,31℃以上高温可以减缓孢子萌发速度,推迟产孢,降低产孢量。棚温降至 20℃时关闭通风口,夜间保持 15℃～17℃。阴天也需通风换气。浇水必须在晴天早晨进行,浇完闭棚升温,棚温 35℃左右时再通风排湿。

清洁棚室,摘除残花。及时摘除病瓜、病叶、病花,带出室外深埋,严禁随意丢弃,以免造成人为传播。及时摘除残留的花瓣,阻断灰霉病菌的初侵染源。

加强肥水管理。合理施肥,注意控制氮肥用量,适当增施有机肥和磷、钾肥。浇水前 1 天喷药预防。

蘸花时药液中加 50％腐霉利可湿性粉剂 500 倍液,或 65％甲硫·乙霉威可湿性粉剂 800 倍液,可有效预防灰霉病。

(2)药剂防治　一是喷雾法。发病初期叶喷 50％腐霉利可湿性粉剂 1 000 倍液,或 50％乙霉·多菌灵可湿性粉剂 1 000 倍液,或 50％异菌脲可湿性粉剂 1 500 倍液,或 40％嘧霉胺可湿性粉剂 800～1 200 倍液,或 52.5％噁酮·霜脲氰水分散粒剂 1 500 倍液,或 45％噻菌灵悬浮剂 3 000 倍液,或 50％咪鲜胺可湿性粉剂 1 500 倍液,或 50％氯溴异氰脲酸水溶性粉剂 1 000 倍液,防效均在 75％～80％。每隔 7 天交替使用 1 次,连续 2～3 次。二是烟雾法或粉尘法。可选用 10％腐霉利烟剂或 45％百菌清烟剂 200～250 克/667 米^2 熏烟。也可用 5％百菌清粉尘剂 1 000 克/667 米^2 进行防治。烟剂、粉尘剂应于傍晚密闭棚室后施用,第二天通风。

（四）霜 霉 病

1. 症 状　主要危害叶片。苗期发病,子叶上产生水渍状小斑点,然后扩展成浅褐色病斑。定植后发病,叶面上产生黄色病斑,病斑最初呈水渍状,后期病斑变成浅褐色或黄褐色多角形斑,湿度大时病斑背面长出紫黑色霉层,即病菌孢囊梗及孢子囊。在设施栽培高温低湿管理条件下或抗病品种上,病斑小且呈近圆形,高湿条件下或感病品种上,病斑迅速扩展或融合成大斑块,致叶片干枯,严重时下部叶片全部干枯,有时仅剩下生长点附近几片绿叶。

2. 发病条件　真菌病害。病菌随气流、风雨和农事活动传播。病菌通过植物的伤口、气孔或表皮均可侵入。室内空气相对湿度高于83％时病部可产生大量孢子囊,条件适宜经3～4天即又产生新病斑。病菌萌发和侵入对湿度条件要求高,叶片有水滴或水膜时病菌才能侵入。对温度适应较宽,15℃～24℃适宜发病。生产上浇水过多、湿度大、叶面结露时间长,均有利于发病。

3. 防治方法

（1）农业措施防病　选用抗病、耐病品种,提高植株的抗病性。

培育无病苗。采用营养钵育苗,合理调节苗床温湿度。育苗和生产温室要分开。苗期发现病株应立即拔除。定植时严格检查,防止带病苗进入棚室。移栽前要加强低温锻炼,培育壮苗,增强抗病力。

加强棚室管理,创造植株生长发育最适宜的环境条件,保证植株健康生长。采用地膜覆盖高垄栽培膜下暗灌技术,合理密植,大沟覆草,合理灌溉,适度控制灌溉量。

(2)生态防治 上午日出后使室温迅速提升至25℃~30℃,保持在33℃~34℃,空气相对湿度降至75%左右;下午使温度下降至20℃~25℃,空气相对湿度降至70%左右;上半夜温度降至15℃~20℃,空气相对湿度控制在70%左右;下半夜由于不通风,空气相对湿度上升至85%以上,温度降至11℃~13℃。及时通风排湿,降低室内空气湿度,使环境条件不利于霜霉病孢子囊的形成和萌发侵染。

(3)药剂防治 最好在发病前施药或发病初期施药,才能起到良好的防治效果。优先选用烟雾法或粉尘法。烟雾法:发病初期的傍晚密闭棚室,用10%腐霉利烟剂或45%百菌清烟剂,每667米^{2}用250克。粉尘法:发病初期的傍晚,用喷粉器均匀喷撒5%春雷·王铜粉尘剂,每667米^{2}用1千克,间隔9~11天喷1次。

常规叶面喷雾药剂可选用10%氰霜唑悬浮剂2 000倍液,或47%春雷·王铜可湿性粉剂800~1 000倍液,或72.2%霜霉威水剂、72%霜脲·锰锌可湿性粉剂800倍液,或64%噁霜·锰锌、70%丙森锌可湿性粉剂500~700倍液,或52.5%噁酮·霜脲氰可湿性粉剂1 500倍液,或60%唑醚·代森联水分散粒剂1 000倍液,或

1.5％噻霉酮水乳剂 116～175 毫升/667 米^2。每 667 米^2 喷药液 60～70 千克,隔 7～10 天喷 1 次。

(4)高温闷棚　发生严重时可选择晴好天气,清晨先通风,然后边喷药边浇水,10 时后关闭通风口,密闭温室提温。保持 42℃～44℃达 2 个小时后多点通风,缓慢降温至 30℃,可比较彻底地杀灭霜霉病菌,控制病害发生发展。由于极端的高温易对瓜类造成灼伤,因此操作时应注意 4 点:一是苗期或植株生长较弱的温室不宜采用;二是连续阴雨天气后忽然转晴禁止采用;三是闷棚前 1 天或当天上午必须浇水,以保证作物需水和棚内湿度;四是在闷棚期间应随时检查棚温和植株生长点的状况,严防高温灼伤植株。

(五)白 粉 病

1. 症状　主要危害叶片、叶柄、茎蔓。一般从底部叶开始,逐渐向上发展,在叶片上产生形状、大小不等的不规则形白粉状霉斑,扩展后遍及整个叶面,叶片逐渐变黄、发脆、干枯。严重的茎蔓、果柄上也可长出白色粉状物(菌丝体和分生孢子)。后期在霉斑上产生黄褐色至黑色小粒点(病菌闭囊壳)。

2. 发病条件　真菌病害。病菌主要以闭囊壳在病残体上越冬,翌年条件适宜时,放射出子囊孢子进行传播,进而产生无性孢子扩大蔓延。气温 16℃～25℃、空气相对湿度 45％～75％时病势发展快。室内高温高湿、通风不良或光照不足时发病严重。田间湿度大,白粉病流行的速度加快,尤其当高温干旱与高温高湿交替出现、又有大量白粉菌源时很易流行。

3. 防治方法

(1)生物防治　喷洒 2‰嘧啶核苷类抗菌素或 2‰武夷菌素水剂 200 倍液,间隔 6～7 天再喷 1 次,防效 90%以上。

(2)物理防治　发病初期叶喷 27%高脂膜乳剂 80～100 倍液,可防止病菌侵入,并造成缺氧条件使白粉菌死亡。一般间隔 5～6 天喷 1 次,连续喷 3～4 次。

另外,及时摘去下部老叶、病叶,加强通风透光,降低温湿度。

(3)药剂防治　发病初期可叶喷 30%氟菌唑可湿性粉剂 1 500～2 000 倍液,或 40%多·硫悬浮剂 500～600倍液,或 50%硫磺悬浮剂 250～300 倍液,或 40%氟硅唑乳油 8 000～10 000 倍液,或 25%丙环唑乳油 4 000 倍液,或 15%混合氨基酸铜、锌、锰、镁水剂 200 倍液,或 6%氯苯嘧啶醇可湿性粉剂 1 000～1 500 倍液,或 10%施宝灵(有效成分为丙硫咪唑)1 000 倍液,或 40%腈菌唑可湿性粉剂 6 000 倍液,或 12.5%腈菌唑乳油 2 000 倍液,或25%嘧菌酯悬浮剂 1 500 倍液。7～10 天 1 次,连续 2～3次。技术要点是早预防,全面喷施,保证叶片正、反面及叶柄、瓜蔓等处均匀喷药,不可遗漏。重病温室在药剂防治前需适当摘除病叶。

(六)褐 斑 病

1. 症状 主要危害叶片。中部或中上部叶片先发病。初发病时叶片出现点状黄色至褐色病斑,病斑周围叶色失绿;从背面观察,病健部分界明显,有水渍状坏死圈,酷似细菌性叶斑。后随病情发展正面病斑呈圆形、多角形和不规则状,有的则出现褐色晕圈,晕圈中央白色。老叶病斑颜色较深,有的病斑上轮纹呈污黑色,连贯或不连贯。发病严重时病斑密集布满整个叶片。老叶上部分病斑开裂,叶缘卷缩或裂成缺刻,至后期病斑交错融合,叶片大面积枯死。

按病斑大小和形状可分为 3 种。小斑型:病斑直径小于 5 毫米的黄褐色小点,后扩展成近圆形或不规则形褐色斑,病健部分界明显,病斑略凹陷,中部颜色稍浅;大斑型:直径 2～5 厘米的圆形至不规则形病斑,隐约有轮纹;角状斑:常与大斑、小斑型混合发生,病斑多角形,病健部分界明显,黄白色。

2. 发生条件 真菌病害。主要以种子带菌进行远距离传播。以分生孢子丛或菌丝体随病残体在土壤中越冬,通过气流、雨水和农事活动传播,进行初侵染。初侵染后的病斑所生成的分生孢子萌发产生芽管,从气孔、伤口或表皮直接侵入,潜育期 5～7 天。田园不洁、连茬种植、昼夜温差大、偏施氮肥、缺少微量元素硼时发病较重。棚室湿度过大、叶面结露、光照不足,有利于病菌的扩展

133

与侵染。温度 20℃～28℃、叶面结露时间长的情况下,发病快。一般温室中间先发病,之后向东西扩散;温室中后部及屋脊下发病重,前沿发病较轻。与霜霉病混合发生时,霜霉病主要分布于温室前沿,而褐斑病主要分布于中后部。

3. 防治方法

(1)选择种植抗病品种　不同黄瓜品种对该病原敏感性差异较显著,津春 3 号、山东密刺、甘丰 3 号为高度感病品种,津春 4 号为中抗品种,津春 5 号、中农 5 号、津优 38 号为抗病品种。

(2)种子处理　播前进行温汤浸种(即 55℃温水浸种 30 分钟);或用种子量 0.2%的福美双拌种。

(3)苗床处理　采用无病土育苗。苗床每平方米可用 70%百·福可湿性粉剂 8 克,加细土 10～15 千克,上铺下垫(1/3 在下,2/3 在上)。

(4)加强栽培管理　合理调控棚室温度,注意通风排湿,改善通风透气性能;合理施肥,增施磷、钾肥,提高植株抗病力;田间发现病株及时摘除病叶,清除再生菌源。

(5)高温闷棚　如该病与霜霉病并发时可进行高温闷棚,具体方法参见霜霉病部分。

(6)药剂防治　初发病时及早摘除病叶,及时施药是防治的关键。发病初期可选喷 25%嘧菌酯悬浮剂 1 500倍液,或 25%咪鲜胺乳油 750～1 500 倍液,或 25%吡唑醚菌酯可湿性粉剂 3 000 倍液,或 40%嘧霉胺悬浮剂

800～1 200 倍液,或 12.5％腈菌唑乳油 1 000～1 500 倍液,或 65％甲硫·乙霉威可湿性粉剂 1 000 倍液,或 50％多菌灵可湿性粉剂 500 倍液,或 75％百菌清可湿性粉剂 600 倍液,或 50％福美双可湿性粉剂 500 倍液,间隔 5～7 天 1 次,连喷 3～4 次。发病重时可结合喷雾,每 667 米^{2}用 45％百菌清烟剂 250 克熏蒸。该病一般与霜霉病和细菌性角斑病、叶斑病混合发生,喷雾时可根据具体发病情况选择 2 种药剂混配防治。

(七)疫 病

1. 症状 幼苗期生长点及嫩茎发病,初呈暗绿色水渍状软腐,后干枯萎蔫。成株发病,先从近地面茎基部开始,初呈水渍状暗绿色,病部软化缢缩,上部叶片萎蔫下垂,全株枯死。叶片发病,初呈圆形或不规则形暗绿色水渍状病斑,边缘不明显;湿度大时,病斑扩展很快,病叶迅速腐烂;干燥时,病斑发展较慢,边缘为暗绿色,中部淡褐色,常干枯脆裂。果实发病,先从花蒂部发生,出现水渍状暗绿色近圆形凹陷病斑,而后果实皱缩软腐,表面生有白色稀疏霉状物。病株维管束不变色。

2. 发病条件 真菌病害。病菌随病株残体在土壤中越冬,种子上也可带菌。翌年通过风雨、灌溉传播。发病适温为 28℃～30℃,高温、高湿是发病的有利条件。苗床湿度大、定植时伤根、缓苗期延长、施肥过量引起烧根、土壤盐碱重、定植时灌药过量、秧苗长势弱以及根系欠发达等多种因素均能加重发病。

3. 防治方法

(1)提倡综合防治技术　以健身栽培为基础,辅以适当的药剂防治。夏秋休闲季节日光能高温闷棚处理土壤,预防发病。

(2)加强田间管理　采用地膜覆盖高垄栽培,垄高不低于 25 厘米。沟灌时水深最多达垄高 2/3 处即可,不可淹垄。

(3)加强生态管理　采用垄间覆草、安装滴灌、后墙张挂反光幕等措施,适时通风,尽量降低棚内湿度。在湿度管理上,傍晚适时盖苦保温,上午及早通风排湿,尽量缩短叶面结露时间,以通风半小时内棚室雾气散尽为宜。

(4)合理施肥　施入充足、腐熟的有机肥作基肥,适当控制氮肥,配施磷、钾肥,增施微肥,促使植株生长健壮,增强抗病力。

(5)药剂灌根及涂抹　发病初期,用 64% 噁霜·锰锌可湿性粉剂 500 倍液,或 72% 霜脲·锰锌可湿性粉剂 750 倍液进行灌根,或同胶泥混合后涂抹茎基部,可控制病害的发展。药剂要轮换交替使用,延缓抗性产生。

(6)药剂防治　中心病株出现后及时叶喷 72% 霜脲·锰锌可湿性粉剂 800 倍液,或 56% 氧化亚铜水分散粒剂 800 倍液,或 70% 乙铝·锰锌可湿性粉剂 600 倍液,或 52.5% 噁酮·霜脲氰可湿性粉剂 1 500 倍液,或 70% 丙森锌、64% 噁霜·锰锌可湿性粉剂 700 倍液,或

50％多菌灵磺酸盐可湿性粉剂 800 倍液,或 12％松脂酸铜乳油 600 倍液。每隔 10 天左右防治 1 次,视病情防治 2～3 次。

(八)蔓枯病

1. 症状 主要危害根颈、瓜蔓、叶和叶柄。最初多从根颈基部、分杈处出现淡黄色油渍状病斑,后期变褐色,最后变黑色、粗糙,上有很多小黑点,病茎有时纵裂。瓜蔓上多从蔓节部发病,呈淡黄色油渍状,后向上向下蔓延,产生灰白色条纹,向上蔓延致整个瓜蔓发病,向下可扩展至地下茎与根交界处。叶片上初产生近圆形或半圆形的病斑,或自叶缘向内呈"V"字形,随后病情发展成片,叶上产生黑色分生孢子器,后期有隐约轮纹。

2. 发病条件 真菌病害。病菌以分生孢子器在病残体和土壤中越冬,种子也可带菌。条件适宜时,病菌产生分生孢子借雨水和气流传播,或由种子带菌引起发病形成中心病株。高温高湿、通风不良、密度过大时发病严重。空气相对湿度高于 85％,平均气温 18℃～25℃适宜发病。种植过密、通风不好、缺肥或偏施氮肥、浇水后长时间闭棚,容易诱发此病。连作或平畦种植亦有利于发病。

3. 防治方法

(1)加强田间管理 采用高垄栽培,严禁大水漫灌。加强通风,减少棚室内空气湿度,浇水时在膜下暗灌,切勿大水漫灌茎基部,浇水后大通风。合理密植,采用吊蔓法栽培。施用充分腐熟的有机肥,适当增施磷肥和钾肥,生长中后期注意适时追肥,避免脱肥。合理整枝。由于病菌主要由伤口侵入,因此打杈、降蔓需在晴天进行,在打侧蔓时基部应留有少半截,避免病菌由伤口直接向主蔓侵染。

(2)药剂防治　用药防治蔓枯病时需采取喷洒、灌根、涂茎相结合的方法。发病初期在根颈基部或全株喷洒40%氟硅唑乳油9 000倍液,或47%春雷·王铜可湿性粉剂700倍液,或70%代森锰锌可湿性粉剂600倍液,或5%菌毒清可湿性粉剂350倍液,或50%异菌脲可湿性粉剂800倍液,或10%苯醚甲环唑水分散粒剂6 000倍液,或30%氟菌唑可湿性粉剂3 000倍液,重点喷洒植株中下部。病害严重时,可用上述药剂使用量加倍后与红胶泥或鸡蛋清混合涂抹病茎部。有条件的地方每667米^{2}可用5%百菌清粉尘剂或5%春雷·王铜粉尘剂1千克喷粉防治。

茎蔓部发病后最为有效的方法是用菌力克3 500倍液灌根,结合菌线威2 000倍液涂茎。另外,在打侧蔓之后立即将菌线威2 000倍液涂抹于伤口的断截面上,可有效防止病害发生。

(九)枯 萎 病

1. 症状　各个时期均可发生,以结瓜期发病最重。地上部整株萎蔫枯死,近地面的茎基部出现暗绿色水渍状凹陷斑,后变黄色至棕黄色,最后呈黑褐色,有时病部分泌出黄褐色树脂状物,湿度大时长有粉红色霉状物。根部发病,根系变褐腐朽,纵剖根颈部可见维管束已变褐色。

2. 发病条件 真菌病害。病菌主要以菌丝、菌核在未腐熟的有机肥或土壤中越冬,在土壤中可存活6～10年。病菌可通过种子、肥料、土壤、浇水进行传播,以堆肥、沤肥传播为主要途径。发病适宜温度25℃～30℃。地温低于23℃或高于34℃发病轻。土壤含水量高、湿度大时发病重;日照少、降雨量大及土壤黏重、地势低洼、排水不良、管理粗放有利于发病。氮肥过量,磷、钾肥不足,施用未充分腐熟的带菌有机肥或土壤中含钙量高,地下害虫危害重均易诱发枯萎病。

3. 防治方法

(1)嫁接防病 用黑籽南瓜、南瓜作砧木进行嫁接,有良好的防效。

(2)种子处理 用0.1%的60%多菌灵可湿性粉剂＋0.1%平平加浸种30分钟后清洗,可杀死种子表面的病菌。也可用0.1%高锰酸钾溶液浸种20～30分钟。

(3)苗床及土壤处理 用50%多菌灵可湿性粉剂1千克加细土200千克,撒入苗床或定植穴中。也可用日光能高温消毒土壤预防。

(4)发病初期灌根 发病初期选用98%噁霉灵可湿性粉剂4 000～6 000倍液,或20%乙酸铜可湿性粉剂800

倍液,或 45％噻菌灵悬浮剂 1 000 倍液,或 50％复方硫菌灵可湿性粉剂 500 倍液,或 2％嘧啶核苷类抗菌素水剂 200 倍液,或 50％多菌灵可湿性粉剂 500 倍液,或 12％松脂酸铜乳油 500 倍液,或 12.5％增效多菌灵浓可溶剂 200～300 倍液,或 60％多菌灵超微可湿性粉剂 600 倍液,或 60％琥铜·乙膦铝可湿性粉剂 350 倍液进行灌根,每株 100 毫升,每隔 10 天灌 1 次,连续 2～3 次。

(5)合理施肥　增施钾肥、微肥和有机肥料,减少速效氮肥使用量,防止瓜秧旺长,提高植株抗病性。

(十)黑星病

1. 症状　危害叶片、卷须、茎蔓和瓜条等。子叶受害产生黄白色近圆形斑,后腐烂;幼叶受害时多在 2～3 天内烂掉,造成秃尖。叶部先从幼嫩叶开始,初始病斑呈褪绿圆形小病斑,很快扩展为圆形或不规则形,直径 2～5 毫米,黄褐色;1～2 天后病斑干枯呈黄白色,随之多穿孔,留下黑色边缘的星状孔。生长点染病,经 2～3 天烂掉形成秃桩。瓜条染病,初呈暗绿色凹陷,流白色半透明胶状物,干后呈琥珀色胶状物,上生煤烟状霉,后病部呈疮痂状、龟裂,潮湿时病斑上密生黑色霉层。病瓜畸形。瓜把、叶柄、茎蔓被害,病斑长梭形,淡黄褐色,中间开裂下陷,分泌琥珀色胶状物,潮湿时生出黑色霉层。

2. 发病条件　真菌病害。病菌以菌丝体、菌丝块在病残体上、土壤中或附近的架材上及种子上越冬,或以菌丝存在种子内或分生孢子附着在种子表皮越冬,种子带菌是该病远距离传播的主要途径。以温度20℃～22℃、空气相对湿度90％以上发病严重。空气相对湿度80％以下时,分生孢子不易发生,病斑发展也受到抑制。棚内光照弱的地方,发病重;17℃时易流行。早春大棚栽培温度低,湿度高,结露时间长,最易发病。植株郁闭,持续阴雨天,病势发展快。黄瓜重茬、浇水多和通风不良,发病较重。

3. 防治方法

(1)种子检疫　对种子田进行生产检疫,生产无病种子,防止种子传病。

(2)加强生态管理,防止病害发生　加强温湿度管理,生产期严禁大水漫灌,降低夜间湿度,缩短夜间结露时间。

(3)种子消毒　用55℃温水浸种30分钟。

(4)药剂防治　当发现棚内有病株时(苗期要及时拔除),应立即采用药剂进行喷雾,可选用50％多菌灵可湿性粉剂600倍液,或75％百菌清可湿性粉剂600倍液,或10％苯醚甲环唑水分散粒剂3 000倍液,或40％氟硅唑乳油6 000～8 000倍液,或80％丙森锌可湿性粉剂800倍液,或30％氟菌唑可湿性粉剂1 500倍液,或50％异菌脲可湿性粉剂800倍液等。每7天1次,注意几种农药交替轮换使用能收到较好的效果。发病初期用45％百菌清烟剂每667米^{2}每次200～250克熏烟防治。

(十一)细菌性角斑病

1. 症状 主要危害叶片和果实。叶片发病,病斑圆形或多角形,水渍状,灰白色至灰褐色,后期中间变薄或脱落穿孔,病斑上常有菌液溢出。茎、叶柄及幼瓜条发病,病斑水渍状,近圆形至椭圆形,后呈淡灰色,病斑常开裂,潮湿时瓜条上病部溢出菌脓,病斑向瓜条内部扩展,沿维管束的果肉变色,一直延伸到种子,引起种子带菌。病瓜后期腐烂,有臭味。

2. 发病条件 病菌在种子上或随病残体在土壤中越冬。土壤中的细菌靠灌水时飞溅传播,新产生的细菌靠风雨、农事操作、昆虫等传播,病菌从伤口、气孔和水孔侵入寄主,发生危害。细菌性角斑病适宜发生温度为25℃～28℃。空气相对湿度在75%以下、温度高于35℃或低于12℃不易发病。高密度栽培、棚室内高温高湿,都易引起发病,加重危害。

3. 防治方法

(1)生态防治 参照霜霉病防治。

(2)加强田间管理 及时清除病叶、病瓜,拉秧后清除病残株,深埋或烧毁。

(3)种子处理 种子可用恒温箱40℃处理24小时后,72℃高温再处理72小时;或用50℃温水浸种20分钟,捞出晾干后催芽播种。

(4)药剂防治 发病初期叶喷72%硫酸链霉素或新

植霉素可溶性粉剂 4 000～5 000 倍液，或 47% 春雷·王铜可湿性粉剂 800～1 000 倍液，或 14% 络氨铜水剂 300 倍液，或 77% 氢氧化铜可湿性粉剂 500 倍液，或 77% 硫酸铜钙可湿性粉剂 800 倍液，或 60% 琥铜·乙膦铝可湿性粉剂 500 倍液，或 12% 松脂酸铜乳油 300 倍液。以上药剂可交替轮换使用，每隔 7～10 天喷 1 次，连续喷 3～4 次。铜制剂使用过多易引起药害，一般不超过 3 次。喷药须仔细地喷到叶片正面和背面，可以提高防治效果。

（十二）煤 污 病

1. 症状　叶片上初生灰黑色至炭黑色煤污菌菌落，分布在叶面局部或在叶脉附近以及茎蔓上，严重的可覆满整个叶面、茎蔓。瓜条也受污染，一方面影响黄瓜的光合作用和呼吸代谢，造成减产，另一方面也影响品质和商品性。

2. 发生条件　真菌病害。病菌以菌丝和分生孢子在病叶上或在土壤内及植物残体上越冬，环境条件适宜时产生分生孢子，借风雨及蚜虫、白粉虱、农事活动传播蔓延。而后又在病部产生分生孢子，成熟后脱落，进行再侵染。光照弱、湿度大的棚室发病重，下部叶片先发病。高温高湿，连阴雨天气，易导致病害流行，蚜虫、白粉虱分泌的蜜露及其尸体是此病流行的诱因之一。

3. 防治方法

（1）环境调控　提倡稀植，注意改变棚室小气候，提高其透光性和保温性,适时通风,防止湿气滞留。

(2)防治害虫 及时防治蚜虫、白粉虱等害虫(见本节有关虫害防治)。

(3)药剂防治 发病初期可选用50%硫磺·甲硫灵悬浮剂800倍液,或50%乙霉·多菌灵可湿性粉剂1 500倍液,或65%甲霜灵可湿性粉剂500倍液,或40%氟硅唑乳油8 000~10 000倍液,每隔7天左右喷药1次,视病情防治2~3次。采收前3天停止用药。

(十三)病 毒 病

1. 症状 黄瓜的病毒有黄瓜花叶病毒、甜瓜花叶病毒、黄瓜花叶绿斑病毒、黄瓜黄化病毒等。症状表现各有差异,主要有花叶型、皱缩型、绿斑型和黄化型。

(1)花叶型 全株发病。幼苗期感病,子叶变黄枯萎,幼叶呈浓淡绿色不均匀的斑驳,进一步发展为深浅绿色相间的花叶,植株矮小。成株期感病,新叶呈黄绿镶嵌状花叶,病叶小,略皱缩,严重时叶反卷变硬发脆,病株下部叶片逐渐黄枯,老叶常有角形坏死斑,簇生小叶。病瓜表面呈深浅绿色镶嵌的花斑,凹凸不平或畸形,停止生长,严重时病株节间缩短,不结瓜,致萎缩枯死。发病早时可引起全株萎蔫。

(2)皱缩型 症状比花叶型表现明显,新叶沿叶脉出现浓绿色隆起皱纹,或叶型变小,并出现蕨叶、裂片。有时沿叶脉出现坏死。果面产生斑驳,或凹凸不平的瘤状物,果实变形,严重病株引起枯死。

(3)绿斑型　新叶产生黄色小斑点,后变成淡黄色斑纹,绿色部分呈隆起瘤状。严重时植株新叶白天萎蔫,果实上生浓绿色斑和隆起瘤状物,多为畸形瓜。

(4)黄化型　中、上部叶片在叶脉间出现褪绿色小斑点,后发展成淡黄色,或全叶变鲜黄色,叶片硬化,向背面卷曲,叶脉仍保持绿色。

2. 发病条件　病毒可在种子、多年生杂草、菠菜、芹菜、保护地中越冬。翌年靠蚜虫、粉虱、田间操作和汁液接触传至黄瓜,并在黄瓜上蔓延。在高温、干旱、日照强的条件下,有利于蚜虫、粉虱发生,也有利于病毒的繁殖,且降低了植株的抗病力,所以发病严重。此外,在杂草多、附近有发病作物、管理粗放、蚜虫多时发病重。

3. 防治方法

(1)选用抗病品种　根据当地主要病毒类型,选择种植多抗品种。

(2)种子处理　无病区留种采种,防止种子带毒。播前种子消毒处理,杀灭种子上的病毒。用10%磷酸三钠溶液处理种子20~30分钟,清洗干净后催芽。也可用干热处理法,即种子先在40℃下处理24小时,使种子的含水量下降至5%,然后再在72℃下处理72小时,多数作物种子的发芽率不会受影响。

(3)防虫网育苗栽培　高温季节用30目防虫网遮盖苗床,有条件时全棚覆盖或覆盖棚室通风口和入口,杜绝蚜虫、白粉虱等害虫危害传播。

(4)加强田间管理　清洁园田,清除棚室周围杂草,苗床和田间零星发病时拔除病株。及时防治蚜虫,阻断传染源(参见蚜虫、白粉虱防治)。

(5)药剂防治　发病初期用5%菌毒清水剂500倍液,或20%吗胍·乙酸铜可湿性粉剂500倍液,或0.5%菇类蛋白多糖水剂300倍液,或10%混合脂肪酸水剂100倍液,或3.85%三氮唑核苷·硫酸铜·锌水乳剂500倍液,或50%氯溴异氰脲酸可溶性粉剂1 000倍液进行喷雾,7~10天1次,连续2~3次。

(十四)根结线虫

1. 症状　黄瓜受害后植株根系弱小、根量减少,侧根和须根形成大量的瘤状根结。植株受害后地上部生长势弱,叶片黄化,植株矮化,结实少且小,干旱时萎蔫,严重时植株枯死绝产。根结线虫病还可导致疫病、枯萎病等土传病害的加重。

2. 发生条件　根结线虫多分布在土壤5~30厘米耕层,其中95%的线虫在表土20厘米内,一般可存活1~3年。病土、带病幼苗、灌溉水、人、畜和农具是初侵染的主要传播途径。根结线虫喜高温,不喜湿。地温25℃~30℃、相对含水量40%~70%的土壤适宜其生存。高于40℃或低于5℃时很少活动,55℃下经10分钟致死。根结线虫具好气性,在地势高、质地疏松、盐分低、潮热的沙土或壤土、连作地发生严重。

3. 综合防治策略　根结线虫是非常顽固的一种病害,目前还没有一种可以彻底杀灭病原菌的农药,生产上应以预防为主、生物防治为辅。

(1)加强田间管理　作物收获后要彻底清洁田园,集中烧毁或深埋病残体。7～9月份温室休闲季节,采用日光能高温消毒土壤技术杀灭线虫。彻底清除病根,并集中处理。温室应在拉秧后,立即清理土壤中病残体,以减少病原,减轻发病。

(2)苗床消毒或无土育苗　苗床每平方米用2‰阿维菌素1毫升处理,采用无土育苗是避免根结线虫危害的重要途径之一。

(3)合理轮作　大葱、大蒜、韭菜、嫁接茄子、辣椒是抗(耐)病蔬菜;菊科中万寿菊对线虫免疫或高抗,可用以上作物轮作。发病田块与万寿菊轮作,防效好。也可种植速生蔬菜,如菠菜、芫荽和小白菜等诱集线虫,收获时根内的线虫被带出土壤,可减轻对下茬作物的危害。

(4)深耕　根结线虫多分布在3～9厘米表土层,定植前深耕深翻20厘米以上,把表层线虫翻到土壤深处,可减轻危害。

(5)化学防治　可选择线虫必克(2.5亿个孢子/克厚孢轮枝菌)微粒剂、0.5‰阿维菌素颗粒剂、98‰棉隆微粉剂防治,也可在定植后用50‰辛硫磷乳油1 500倍液,或80‰敌敌畏乳油1 000倍液,或90‰敌百虫晶体800倍

液,或 1.8%阿维菌素乳油 4 000 倍液,每株灌药 0.25~
0.5 千克,熏杀土壤中的根结线虫。上述部分药剂对瓜类
药害严重,要谨慎施用。

(十五)蚜　虫

1. 危害特点　以成虫、若虫群集在叶背、嫩茎和花蕾
上刺吸植物汁液。幼叶被害时常卷曲皱缩,重者叶片卷
缩、变形、枯萎;顶芽受害时植株发育明显迟缓。蚜虫危
害时还排出大量的蜜露污染叶片和果实,引起煤污病发
生,影响光合作用和呼吸功能,同时也影响黄瓜品质。蚜
虫还可传播多种病毒病,造成更大的危害。

2. 防治方法

(1)清理棚室　冬前清除棚室植物残体和杂草,深翻
晾晒,浇足底水恶化其越冬环境。铲除棚内及周边的杂
草,作物拉秧后及时清除残枝败叶,以压低虫口基数。

(2)防虫网育苗,防蚜避蚜　育苗棚及生产棚通风口
和人口应覆盖 30 目的防虫网,防止蚜虫进入;棚室周围
悬挂灰色飘带,用银灰地膜覆盖驱避蚜虫、减轻危害。

(3)黄板诱蚜　有翅蚜发生时可以黄色诱虫板诱杀。
一般每 667 米^2 挂 20 片,诱虫板下端高出秧头 15~20 厘米。

(4)棚室管理　合理稀植,平衡施肥,加强肥水管理,提
高植株抗虫力。结合整枝吊蔓及时摘除下部老叶、虫叶。

(5)生物防治　保护和利用天敌,发挥自然控制作
用。常见的蚜虫天敌有七星瓢虫、十三星瓢虫、食蚜蝇、

草蛉、蚜小蜂、食蚜瘿蚊等。

(6)**药剂防治**　点片发生阶段及时用药是关键。由于蚜虫繁殖速度快,所以一次用药很难控制,需连续防治2～3次方可奏效。初发时可选用3％啶虫脒乳油1 000倍液,或2.5％高渗吡虫啉乳油1 500倍液,或1％苦参碱水剂1 000倍液,或10％烟碱乳油500～1 000倍液,或25％噻虫嗪水分散粒剂7 500倍液,或10％氯氰菊酯乳油2 000倍液,或25％吡蚜酮可湿性粉剂8 000～10 000倍液防治。重发生时可选用复配制剂如3.5％溴氰·氟虫腈乳油1 000倍液,或25％吡虫·辛硫磷乳油1 500倍液,或5％氯氰·吡虫啉乳油1 500倍液,或1.1％百部·楝·烟乳油1 000倍液。防治时在药液中加入0.1％无酶洗衣粉或中性肥皂水或农药增效剂如丝润、好湿、增效渗透王等,能增加农药的湿展性和渗透性,提高防效。结合喷雾每667米^{2}可用22％敌敌畏烟剂500克、25％吡虫啉烟剂300克、10％异丙威烟剂300克熏蒸,对有翅蚜防效更好。

(十六)温室白粉虱

1. 危害特点　成虫和若虫大量群聚叶背吸食植物营养,致受害叶片褪绿、变黄、萎蔫。群聚危害时还能分泌大量的蜜露,除污染叶片和果实外,其上滋生的杂菌往往会引发煤污病的大发生,造成植株长势衰弱甚至全株枯死。另外,温室白粉虱还可传播病毒病。

2. 防治方法

(1)清洁田园　温室在育苗、定植前要彻底清除前茬作物的残株、杂草,带出室外集中烧毁或深埋,并熏杀或喷杀残余成虫,力争做到室内清洁。

(2)覆盖防虫网　育苗棚覆盖 30 目防虫网阻隔外来虫源。温室的通风口、门窗等处也要张挂防虫网。条件允许时应尽量把育苗棚室和栽培棚室分开。

(3)合理调整作物布局结构　棚室附近尽量避免种植瓜类、番茄、茄子、菜豆等白粉虱发生严重的蔬菜,提倡种植白粉虱不喜食的十字花科作物,减少虫源。

(4)加强田间管理　及时摘除虫叶、老叶,携出室外深埋或烧毁,减少室内白粉虱种群数量。

(5)黄板诱杀　生产棚可张挂黄板诱杀成虫,一般每间 1 片。苗棚除加盖防虫网外,播后还可张挂诱虫板监控虫情,同时也可起到诱杀作用。

(6)生物防治　人工释放丽蚜小蜂。当每株植物有白粉虱 0.5～1 头时,每株放蜂 3～5 头,隔 10 天左右放 1次,连续 3～4 次,可基本控制其危害。另外,中华草蛉及一些捕食螨如胡瓜钝绥螨、斯氏钝绥螨等对温室白粉虱也有很好的控制作用。

(7)药剂防治　点片发生阶段(每株有成虫 2～3 头)及时用药。首选药剂为 25％噻虫嗪水分散粒剂 7 500 倍液;10％噻嗪酮乳油 1 000 倍液对白粉虱也很有效;25％灭螨猛乳油 1 000 倍液对白粉虱成虫、卵和若虫皆有效;

2.5％联苯菊酯乳油 3 000 倍液可杀成虫、若虫、假蛹，但对卵的效果不明显。另可选用 0.3％印楝素乳油 1 000 倍液，或 10％吡虫啉可湿性粉剂 3 000 倍液，或 5％啶虫脒乳油 3 000 倍液，或 1％甲氨基阿维菌素苯甲酸盐乳油 2 000 倍液，或 20％甲氰菊酯乳油 2 000 倍液，或 20％吡虫啉浓可溶剂 4 000 倍液，或 2.5％高效氯氰菊酯乳油 3 000 倍液喷雾。大发生时可采用熏蒸法，每 667 米^2 选用 22％敌敌畏烟剂 500 克、25％吡虫啉烟剂 300 克、10％异丙威烟剂 200 克。喷雾与熏蒸结合效果更好。冬季熏蒸时可适当提早关通风口、放草苫，适当提高棚室温度以提高熏杀效果。

（十七）叶　螨

1. 危害特点　成螨、幼螨和若螨以刺吸式口器刺入叶背吮吸营养汁液，并结丝网，被害叶面褪绿呈黄白色或黄褐色小斑，严重时整个叶片大面积失绿、卷曲、枯黄脱落，植株早衰枯死。

2. 防治方法

（1）清洁田园　作物拉秧后应及时清除残枝虫叶、杂草，带出棚外集中深埋或焚烧处理，不可随意堆放，防止叶螨转移危害。铲除棚室四周的杂草，深翻晒田，精细整地，压低棚内外虫口基数。

（2）熏杀消灭棚内虫源　定植前棚室每 667 米^2 用 22％敌敌畏烟剂 500 克，熏杀残存的叶螨。

（3）加强育苗棚管理，培育、使用无虫苗　发现有叶螨危害时应及时防治，并在定植前用杀螨剂防治2次，间隔5～7天，避免带虫定植。

（4）加强田间管理　合理稀植，平衡施肥，适时、适量灌水，防止徒长。深冬季节温室北墙张挂反光幕，改善温室光照条件；结合整枝吊蔓，及时摘除下部老叶、病虫叶。

（5）药剂防治　做好虫情监测、预防，及时用药。秋季定植后和春季棚温升高两个时段有利于害螨繁殖扩散，要及时摘除受害较重的叶片并进行挑治，将危害控制在点片发生阶段。可选药剂有24％螺螨酯悬浮剂6 000倍液（速效性差，应与其他速效性杀螨剂配合使用），或15％哒螨灵乳油1 500倍液，或1.8％阿维菌素乳油4 000倍液，或10％联苯菊酯乳油6 000～8 000倍液，或21％氰戊·马拉松（增效）乳油2 000～4 000倍液，或2.5％多杀霉素悬浮剂1 000倍液，或5％氟虫脲乳油1 000～2 000倍液，或5％氟啶脲乳油2 000倍液，或14％浏阳霉素乳油1 000～1 500倍液，或10％烟碱乳油800～1 000倍液，或5％噻螨酮乳油2 000倍液，或3％苦参碱水剂800～1 000倍液，或20％甲氰菊酯乳油2 000倍液，间隔5～7天1次，连续用药2～3次。

（十八）斑潜蝇

1. 危害特点　成虫刺破叶表皮吮吸汁液、产卵，形成白色点状枯死斑；幼虫在叶肉中蛀食叶肉，形成白色不规则蛇形虫道,虫道中留有黑色细线状粪便。危害严重时整个叶片潜痕密布,几无绿色可见,造成叶片大面积枯死、脱落。幼虫在幼苗期除危害子叶、心叶外,还可蛀入瓜苗幼茎,致顶芽枯死,幼苗倒折、枯萎,严重时可造成毁苗。

2. 防治方法

(1)农业措施防治　作物拉秧后及时清除残枝虫叶、杂草,深翻晒田,精细整地;铲除棚室四周杂草,压低虫口基数。

夏季可在休棚期选高温时段密闭大棚 10 天以上,通过高温闷棚消灭棚内残存的蛹。也可在定植前结合整地每 667 米^2 用 50% 辛硫磷乳油 1～1.5 千克或 5% 辛硫磷颗粒剂 3～5 千克进行土壤处理。

培育、使用无虫苗。育苗棚及生产棚的通风口、门窗处要覆盖或张挂 30 目防虫网,阻隔害虫进入危害。

合理稀植,加强水肥管理,结合整枝吊蔓,及时摘除虫叶并带出棚外销毁。

利用其对寄主的选择性,可在黄瓜棚室后排栽植菜豆、前沿种植矮生豆类 1～2 行,诱其产卵,然后喷药防治,可减轻对主栽作物的危害。

育苗及生产棚可张挂黄色诱虫板诱杀成虫。黄板下端距秧头 15～20 厘米,生产棚一般每 1～2 间挂 1 块,由东到西呈"之"字形排列。

(2)药剂防治　防治幼虫宜在幼虫低龄期,每叶有幼虫 5 头、多数叶片虫道在 2 厘米以下时及时施药,重点喷植株中下部叶片。可选药剂有 40%阿维·敌敌畏乳油 1 000 倍液,或 1.8%阿维菌素乳油 3 000 倍液,或 1.1%百部·楝·烟乳油 1 000 倍液,或 75%灭蝇胺可湿性粉剂 5 000 倍液,或 25%灭幼脲悬浮剂 1 000 倍液,或 5%氟虫脲乳油或 5%氟啶脲乳油 2 000 倍液喷雾。老熟幼虫落地化蛹初期,地面喷洒 48%毒死蜱乳油 2 000 倍液,或 52.5%氯氰·毒死蜱乳油 1 500 倍液,或 80%敌百虫可湿性粉剂 800 倍液。成虫盛发期可选用 1.8%阿维菌素乳油 3 000 倍液,或 40%阿维·敌敌畏乳油 1 000 倍液,或 10%甲氰菊酯乳油 1 000~1 500 倍液,或 10%虫螨腈乳油 2 000 倍液,或 2.5%高效氟氰菊酯乳油 2 000~2 500 倍液。也可用敌敌畏、吡虫啉烟剂熏蒸。

(3)生物防治　释放姬小蜂、反颚茧蜂、潜蝇茧蜂等寄生蜂,对斑潜蝇寄生率均较高。

(十九)蓟 马

1. 危害特点　成虫、若虫聚集在嫩叶、嫩茎、顶芽、花器和果实上锉吸植物营养,使生长发育受抑,重者枯萎,对产量和品质影响较大。叶片一般先从靠近主、侧脉处开始危害,留下灰白色、黄白色的疤痕,其间夹杂着由枯死刚毛和蓟马粪便组成的黑色小点(区别于叶螨危害状)。顶芽受害后,叶脉扭曲,叶片皱缩,形成无头苗;花瓣、花柄均可受害致畸。果实受害后木栓化,果皮粗糙,害斑呈线状、片状或网纹状,果畸形、变硬、变小,严重时整个果面形成黄绿斑驳,迷你无刺黄瓜受害较普通有刺黄瓜重。

2. 防治方法

(1)加强检疫　防止人为引入、传播西花蓟马。

(2)清洁田园　作物拉秧后应及时清除残枝虫叶、杂草,运出棚外集中深埋或焚烧处理,不可随意堆放,防止蓟马转移危害;并铲除棚室四周杂草,深翻晒田,精细整地,压低棚内外虫口基数。

(3)培育、使用无虫苗　育苗棚和生产棚要分开。育苗时若发现有蓟马危害,定植前须用药剂处理 1~2 次,间隔 5~7 天。

(4)棚室处理　定植前选高温时段密闭闷棚 10~15 天,或每 667 米² 用 22% 敌敌畏烟剂 500 克熏蒸,铲除棚内虫源。

(5)物理防治　利用蓟马对颜色的趋性,育苗、生产棚可张挂蓝色诱虫板诱杀。

(6)化学防治　做到勤查、早防。当虫口达到 3~5 头/株时即开展全面防治,不可延误。可选药剂有 10.2% 阿维·三唑磷乳油 3 000 倍液,或 10% 虫螨腈乳油 2 000 倍液,或 25% 噻虫嗪水分散粒剂 2 000 倍液,或 48% 毒死蜱乳油 1 300 倍液,或 1.8% 阿维菌素乳油 4 000 倍液,或 5% 氟虫腈悬浮剂、5% 啶虫脒乳油 3 000 倍液,或 2.5% 多杀霉素悬浮剂 1 500 倍液,或 10% 甲氰菊酯乳油 1 000~

1 500 倍液,或 2.5%高效氟氯氰菊酯乳油 2 000～2 500 倍液,或 10%吡虫啉可湿性粉剂 2 000 倍液,连续防治 2～3次;成虫盛发期每 667 米^{2}选用 22%敌敌畏烟剂 250 克,或 25%吡虫啉烟剂 300 克,或 10%异丙威烟剂 250～300克熏蒸。冬季熏蒸时可适当提早关闭通风口、放苫,棚温在 22℃～25℃能更好地发挥药效。

(二十)地下害虫

1. 危害特点 地下害虫主要包括地老虎、蛴螬、蝼蛄、金针虫等,主要取食作物种子、根、茎、嫩叶、生长点等,常造成缺苗、断垄或使幼苗生长不良。温室中以新建棚和早春茬黄瓜危害重,深冬棚发生较轻。

2. 防治方法

(1)冬季深翻 早春茬黄瓜在封冻前 1 个月,深耕 35～40 厘米,破坏害虫生存和越冬环境,减少翌年虫口密度。

(2)清洁田园 铲除棚室周围杂草。作物收获后及时清除棚内杂草和植物残体,集中深埋或焚烧,破坏害虫的栖息繁殖场所。

(3)粪肥及苗土处理 有机粪肥需进行堆沤,充分腐熟才能使用。每立方米粪肥、苗土可加入 150～200 毫升50%辛硫磷乳油堆闷杀死残存的虫、蛹。

(4)土壤处理 移栽前结合整地起垄每 667 米^{2}用15%毒死蜱颗粒剂 1.5 千克或 3%辛硫磷颗粒剂 3 千克进行土壤处理。

诱杀。用黑光灯诱杀地老虎成虫和金龟子,也可用80%敌百虫可湿性粉剂50克对适量水与炒香的豆饼或油渣5千克拌成毒饵,每667米^{2}用1～1.5千克,傍晚时撒施在苗床或垄上,诱杀地老虎幼虫和蝼蛄。

(5)灌根　发现有地下害虫危害时,可选用90%晶体敌百虫800～1 000倍液,或5%氟虫腈悬浮剂3 000～4 000倍液,或48%毒死蜱乳油1 000倍液,每株100～200毫升灌根。

(6)喷雾　成株期有地老虎危害时,于幼虫转入地下危害(三龄)即成虫发生高峰期后的20天之前选用48%毒死蜱乳油1 000倍液,或5%氟虫腈悬浮剂3 000～4 000倍液,或2.5%溴氰菊酯、10%氯氰菊酯或20%氰戊菊酯乳油1 500～3 000倍液进行喷雾。

四、日光温室黄瓜常见生理障碍

(一)幼苗期生理障碍

1. 戴帽出土　幼苗出土后子叶上的种皮不脱落,夹住子叶使之不能正常展开,俗称戴帽。由于幼苗刚出土时子叶是惟一的光合器官,光合作用受影响后往往会因生长不良形成弱苗。

(1)发生原因　种皮干燥、播种后覆土太干或太薄、出苗时过早揭去覆盖物、地温低出苗时间长,种子不饱满、活力差都可引起戴帽。

（2）防治方法　精细播种,播前浸种催芽,浇足底水。撒籽后覆土要均匀,厚度一致。出苗前注意保温、保湿。发现有戴帽时可在早晨趁湿用手摘去种皮。

2. 幼苗徒长　育苗期间,幼苗茎秆细长,不粗壮,胚轴长度超过 10 厘米,且弯曲;叶片大而薄,色淡;根不发达,秧苗头重脚轻,所以又称高脚苗。这种苗抗逆性差,易受冻、染病。由于营养不良,早熟性差,后期易落花,形成畸形果,产量低。

（1）发生原因　主要是夜温过高,昼夜温差小,光照不足,通风不良,水分过大,氮肥偏多,种植过密等引起。

（2）防治方法　防治上根据起因采取相应的措施。间除过密的苗,控水、控制夜温;补磷,喷磷酸二氢钾 300 倍液;必要时可用 50% 矮壮素 2 500～3 000 倍液喷雾处理。

3. 子叶畸形　幼苗子叶畸形有多种表现形式,有的两片子叶大小不一,不对称,有的子叶不在同一条线上,有的子叶抱合在一起,有的开裂,还有的粘连在一起,对光合作用影响较大。

（1）发生原因　主要是种子质量差引起的。如种子发育不完全,成熟不好,留种母株不健壮等。

（2）防治方法　提高制种质量,播前精选种子,剔除秕籽、破残籽、小籽。

4. 子叶干枯脱落　苗期子叶上出现圆形或近圆形斑点,略凹陷,并逐渐扩展融合或从子叶边缘开始失水干枯,最后枯死、脱落。

（1）发生原因　育苗时地温过低、干旱或后期脱肥或定植时温度过低、伤根都会引起这种现象的发生，子叶过早脱落是幼苗生长衰弱的一种表现。

（2）防治方法　育苗过程中加强温度与肥水管理，培育壮苗；定植时提高棚温、地温；勿在低温期定植，避免伤根。

5. 沤根　幼苗、成株期均可发病。主要表现为不发新根，根的表皮呈锈褐色，逐渐腐烂，苗易拔出。地上部表现为植株生长缓慢，叶片从叶缘开始枯黄，后随病情发展逐渐皱缩枯黄，严重时整株凋萎。

（1）发生原因　是由于土壤温度低、含水量高、通气不良造成的。土壤温度低于 12℃，持续时间长；浇水过量；连阴天，光照不足，致使根系处于低温、过湿、缺氧状态下，呼吸代谢受阻，不能正常生长，根系吸收能力差，导致沤根。

（2）防治方法　避免苗床地温过低或过湿，苗床温度控制在 16℃ 左右，一般不低于 12℃，使幼苗苗壮生长。床土要疏松、平整，播种时一次浇足底水，以后适当控水，防止苗床过湿。要增加光照，适时适量通风。发生轻微沤根后，要及时松土，提高地温，待新根长出后，再转入正常管理。

6. 子叶有缺刻　刚出土的瓜苗子叶边缘不整齐，有缺刻。主要是由于覆土过厚或覆土过于紧实，表土板结，出苗后遭遇冷风造成的。

7. 僵化苗　幼苗出土后,子叶墨绿色、叶缘下卷、茎秆短,生长发育过度受到抑制,表现为幼苗矮小,叶片小而薄,叶片颜色淡,茎细,根小,新根发生少,花芽分化不正常,开花少,定植后易出现花打顶现象。

(1)发生原因　是由于温度太低、长期阴天,缺肥或肥多水少,土质过黏,施入生粪肥等引起的。

(2)防治方法　加强棚室的温度管理,合理配制苗土。播前浇透水,满足苗期水分需求。加强营养管理,追施充分腐熟的有机肥,促进幼苗生长,培育壮苗,必要时用0.5%尿素加0.4%磷酸二氢钾溶液喷洒。

8. 光闪苗

(1)发生原因　育苗期间在连阴骤晴或雪后、雨后骤晴突然揭开棉被、草苫等外保温覆盖物后,秧苗萎蔫或突然死亡。天气突然转晴后由于气温容易提高,在地温、气温失衡的情况下,地上茎叶蒸腾掉的水分不能从根的吸收中得到补充,因此就出现了秧苗萎蔫或凋萎死亡。

(2)处理与挽救方法　一是遇到天气放晴时,应比往常提前一些时间揭开草苫、棉被等外保温覆盖物,多见光,使其逐渐适应强光;二是在秧苗上喷洒清水或营养液,减少蒸腾,补充营养。喷清水可视情况多次进行;三是反复交替揭盖保温覆盖物。随时进行观察,一旦发现植株出现萎蔫,就要间隔放下一部分草苫、棉被,待植株恢复正常后,再将草苫、棉被等卷起。如此反复进行,直到不再发生萎蔫为止。当凋萎严重无法恢复时须及时补种。

（二）逆境障碍

1. 低温障碍　所谓低温障碍是指黄瓜在生育过程中遇到了低于其生育适温连续长期或短期低温的影响，发生生理障碍，延迟生育或造成减产，称为低温生理病。

（1）发生原因　生产上遇到过低温度或长期的连续低温会引发出多种症状。播种后遇到气温、地温过低，种子发芽和出苗延迟数天，致苗黄、苗弱、沤籽或发生猝倒病、根腐病等。有些出土幼苗子叶边缘出现白边，叶片变黄，根系不烂也不长。地温如果长时间低于 12℃，根尖变黄或出现沤根、烂根现象，地上部开始变黄。夜间地温降至 12℃ 左右时，黄瓜就会出现幼苗生长缓慢、叶色浅、叶缘枯黄的现象。当夜温低于 5℃ 以下时，生长停滞，幼苗萎蔫，叶缘枯黄，结瓜少而小。当 0℃～5℃ 低温持续时间较长时，有的不发根或花芽分化受到影响不分化，叶片组织虽未坏死，但呈黄白色，抵抗力减弱，致弱寄生物侵染；有的呈水渍状，枯死或干枯，有的还可诱发菌核病、灰霉病、煤污病等低温型病害发生和蔓延。

（2）防治方法　一是选用发芽快、出苗迅速、幼苗生长快的耐低温品种。二是采用春化法，即把泡涨后快发芽的种子置于 0℃ 冷冻 24～36 小时后播种，不仅发芽快，还可增强抗寒力。三是施用酵素菌沤制的堆肥或充分腐熟有机肥增温。四是加强温度管理。黄瓜种子萌动时，保持棚温 25℃～30℃，白天保持 25℃ 左右，夜温应高于

15℃。同时,对幼苗进行低温锻炼,适度蹲苗,尤其是在低温锻炼的同时采用干燥炼苗与蹲苗结合对提高抗寒能力作用更为明显,但不宜过度。四是根据当地历年棚室温度变化规律,低温冷害频率和强度,及所采取的防御措施,确定各地科学的播期和定植期。定植后根据天气变化科学控制棚温和地温。五是采取有效的保温防冻措施。选用无滴膜,提倡采用地膜、棚膜、无纺布等多重覆盖。发生寒流侵袭时,应马上采用加温防冻措施。可喷植物抗寒剂、399 植物生长微电活能、宝力丰抗冷冻素、95绿风植物生长调节剂等。六是避免在低温期浇冷水,浇水须经温室水池预热,水温 12℃ 以上。如气温过低已发生冻害,要采取缓慢升温措施。如日出后可用报纸或放花苦遮光,使黄瓜的生理功能慢慢恢复,千万不能操之过急。

2. 高温障碍　进入 4 月份以后,随着气温逐渐升高,在棚室通风不及时或通风不畅的情况下,棚内温度可高达 40℃～50℃,有时午后高达 50℃ 以上,对黄瓜生长发育可造成危害,即所谓高温障碍或大棚热害。

(1)发生原因　育苗时遇高温,幼苗出现徒长现象,子叶小、下垂;成苗期遇高温,叶色浅,叶片大且薄,不舒展,节间伸长或徒长;成株期受害叶片上先出现 1～2 毫米近圆形至椭圆形褪绿斑点,后逐渐扩大,3～4 天后整株叶片的叶肉和叶脉自上而下均变为黄绿色,植株上部严重,严重时植株停止生长。

（2）**防治方法** 选用耐热品种；加强通风换气，使棚温保持在30℃以下，夜间控制在18℃左右，空气相对湿度低于85％，高温时段棚温高于32℃时立即通风；夜温高时应及时排湿，防止徒长发生。

遇有持续高温或大气干旱，棚室黄瓜蒸发量大，呼吸作用旺盛，这时消耗水分很多，持续时间长就会发生萎蔫等情况，这时要适当增加浇水次数。

（三）茎叶异常

1. 白点叶 植株生长稍弱，株形、叶形正常，叶片上产生许多白色小斑点，受叶脉限制呈多角形至不规则形，后期十分密集，叶色发黄，严重时叶片干枯死亡。

黄瓜叶片上产生白色斑点有多种原因。一般亚硝酸、二氧化硫气害病斑较大，从叶背看病斑略陷。细碎的小白斑可能是钙或镍过剩所致，钙过剩病斑多发生在下部叶片上。

2. 白化叶 棚室黄瓜进入盛瓜期时主脉间叶肉褪绿，变为白色，并逐渐向叶缘扩展，形成除叶缘尚绿，叶脉间叶肉均变为黄白色的"绿环叶"，后期叶肉全部褪色，重者发白，形成白化叶，最后叶片枯萎。

白化叶主要是在高温、干旱、植株衰老的情况下缺镁所致。应及时喷施0.5％～1％硫酸镁或补施含镁的复合肥。

3. 降落伞叶 叶片的中央部分凸起，边缘翻转，呈降落伞状。有时叶尖先黄化，进而叶缘黄化，严重时症状从

163

植株中部叶片一直发展到顶部叶片,直至生长点龟缩。

(1)发生原因 这是黄瓜植株缺钙的一种表现形式。冬季遇低温冷害或连阴天,温室气温、地温均低,根系的吸收活动受阻,导致缺钙;定植过深,根系缺氧,也影响对钙的吸收。此外,进入4月份后,由于温室内中午前后温度高,有时因通风不及时,植株蒸腾作用受阻,钙在植株体内的运送不畅,也会发生"降落伞"叶。再者,4月份通风量过大,降温速度过快,也会在通风口附近出现"降落伞"叶。

(2)防治方法 提高棚室保温性能,这是防治黄瓜降落伞叶的根本方法。如果棚室结构不合理,在遭遇连阴天时应采取多种有效保温措施。冬茬或冬春茬黄瓜栽培后期,温度升高,要及时通风,但通风不能过急,应遵循通风口由远及近、由小到大的原则。症状严重时,叶面补钙,并控制氮、钾肥用量。

4. 泡泡叶 黄瓜泡泡叶多出现在冬茬、冬春茬黄瓜植株中下部,这种叶片生长受到抑制,光合能力降低。发病初期,叶片正面出现鼓泡,逐渐增多,各叶的鼓泡数量差异较大。鼓泡直径约5毫米,正面凸起,背面凹进,叶面凸凹不平。在凹陷处常有白毯状物,无病菌。凸起部分逐渐褪绿,变为灰白色、黄色或黄褐色。

(1)发生原因 在低温、弱光下容易发生。温度过低,植株生长始终处于缓慢生长状态;或者遇到连续阴雨天气,光照强度严重不足,忽然天气骤晴,棚温迅速提高;

或晴天浇灌大水等都可能引起这种不良状况。

（2）防治方法　选择耐低温、弱光的抗性较强的品种。培育壮苗，注意加强温湿度管理，提高夜温。越冬茬黄瓜棚内最低温度不能低于12℃。及时擦拭棚膜，增加大棚采光率。初发病时喷施天达2116、植物动力2003、芸薹素内酯等植物生长调节剂，增强黄瓜综合抗性。

5. 金边叶　又称黄边叶，表现为叶片边缘呈整齐的镶金边状，黄色部分叶肉一般不坏死，同时上部叶片变小，生长点紧缩。

主要由缺钙引起。但诱发因素较多，如干旱、蹲苗时控水过度、土壤盐分增高导致钙的吸收受阻；大量施用化肥，土壤中氮、镁、钾肥过高，缺硼也会引起缺钙。防治上应根据实际发生情况分类施治。

6. 叶烧　叶烧又称日烧，多发生在植株中上部叶片。叶烧初期叶绿素减少，叶片的一部分变成漂白色状，后变成黄色枯死。叶烧轻者仅叶缘烧伤，重者半个叶片或整个叶片烧伤。

（1）发生原因　黄瓜叶烧是由于高温所诱发的生理性病害。黄瓜是喜温作物，叶片对高温有较强耐力。32℃～35℃不会对叶片造成危害。在空气湿度高、土壤水分充足的条件下，容易维持植株体内的水分平衡，即使达到42℃～45℃，短时间内也不会对叶片造成大的危害。但在空气相对湿度低于80％时，遇40℃左右的高温就易产生高温伤害，尤其在强光照情况下叶烧更重。

（2）**防治方法**　通风、遮阴降温,盖"花帘子";温度过高,空气湿度较低时,可喷水临时降温。如遇高温天气,前一晚要浇足水,提高植株抗(耐)热力。

7. 生理性萎蔫　采瓜初期至盛期,晴天中午突然出现急性萎蔫症状,到晚上又逐渐恢复,有时这样反复数日后,植株不能再复原而枯死。外观无异常,切开病茎,导管也无病变。这主要是因前期地温低、盐碱、积水,或土壤黏重紧实、通透性差、肥料用量大,或使用未经腐熟、过筛的有机肥,根系发育差,吸收能力弱,进入高温时段后,地温高,植株的蒸腾作用十分旺盛,根系吸收的水分、养分不能满足植株正常代谢的需要,引起整株叶片突然萎蔫,严重时全株死亡。另外,长期处于高湿条件下(如连续阴雨天),叶片蒸腾量小,遇到晴天环境突变,湿度下降、温度升高,叶片蒸腾量增大,作物一时不能适应,也能发生萎蔫;高温闷棚时湿度不够或通风口开得过大、降温过快以及突遇低温冷害也可引发急性生理凋萎。

8. 黄瓜蔓徒长

（1）**发生原因**　秋冬茬前期和早春茬中后期在水分足,光照弱,温度偏高,特别是夜温高,昼夜温差小,氮肥施用过多,营养生长过旺时会出现瓜蔓徒长。表现为叶片大,节间长,茎较粗,叶色淡,侧枝多且发生早,雌花弱,子房小,果实和叶片大小不相称,化瓜严重,产量低等。

（2）**防治方法**　防治上应从栽培管理入手,加强通风,降低夜间温度,增大昼夜温差,合理施用肥料,注意氮、磷、钾肥配合施用,控制浇水,适当延迟采收,对生长过旺的植株可以通过摘心或采用龙头向下弯曲等方法控制植株长势。

(四)花果异常

1. 雌花过多

(1)发生原因　一种是温室冬茬或冬春茬黄瓜,或大棚春茬黄瓜,在定植后不久,黄瓜植株由下而上每节均出现大量雌花,密生在一起,少则 4～5 朵,多则 9～10 朵甚至更多。雌花过多且同时发育,会相互竞争养分,虽然雌花多,但能坐住的瓜反而更少。

冬春茬黄瓜育苗期间,正值低温寡照的冬季,有利于雌花的形成。如夜温过低、温差大,钾肥过多或用高浓度乙烯利处理等,对于节成性很强的品种,往往形成过量雌花,植株生长也会受到抑制。

(2)防治方法　加强育苗期温度与水肥管理,避免用乙烯利处理。当黄瓜植株每节都有大量雌花时,通常要进行疏瓜,一般每节选留 1 个瓜,水肥充足留 2 个,多余者及早疏除。

2. 有雄花无雌花

(1)发生原因　黄瓜一般在 4～5 片叶时就有花蕾,7～8 片叶时在 3～4 节处开始出现雌花。若管理不当,夜间温度过高(18℃以上)、长日照、湿度大的条件下,会产生大量雄花。另外,苗床过于干燥,氮肥过多条件下也会产生大量雄花。

(2)**防治方法** 苗床培养土要加入适量磷、钾肥,减少氮肥用量。当黄瓜第一片真叶展开后,及时降低夜温,维持 13℃～15℃,同时光照缩短在 8 小时左右。土壤保持湿润,降低空气湿度。

3. 黄瓜花打顶 瓜秧生长停滞,龙头紧聚,生长点附近的节间呈短缩状,即靠近生长处小叶片密集,各叶腋出现小瓜纽,大量雌花生长开放,造成封顶。原因通常分为以下 3 种类型。

(1)**发育失调型** 棚室温度长期低于 10℃,植株因营养生长受到抑制,生殖生长过快出现花打顶;或土壤条件不适,根系活动弱,吸肥困难,导致生理性缺肥出现花打顶;乙烯利使用不当也可引起花打顶。

(2)**营养缺失型** 坐果量大、采收不及时、植株光合产物不足时容易出现花打顶。

(3)**伤根型** 土壤干旱时,由于肥料过多、水分不足而导致烧根,或者土壤过湿、气温和地温偏低造成沤根,都容易形成花打顶。

(4)**防治方法** 一是保证苗床土配置合理,营养平衡,疏松透气。二是定植后控制水肥,充分蹲苗,促进根系向纵深生长。三是合理调控温度。深冬季节保证生育期内棚室最低温度高于 8℃,拉苦后温度在 11℃左右(水果无刺型黄瓜 15℃左右),防止温度过低或过高;采用地膜覆盖高垄栽培膜下暗灌技术,提高地温,促进根系良好发育。四是合理灌溉。灌溉水电导率要在 1.5 毫西/厘米以下,避免低温季节大沟灌溉而导致的降温、沤根和盐分积累。五是合理施肥。有机肥要砸碎过筛,控制追肥量,避免肥害和盐分障碍导致的烧根。六要合理负载。根据植株长势确定结瓜量,雌花开花部位以距黄瓜生长点 40～50 厘米为宜。

补救措施:出现花打顶,应及时摘除生长点附近的小瓜,提早摘除商品瓜,抑制生殖生长、促进营养生长。叶片喷施植物生长调节剂促进茎叶生长,可叶喷 0.15% 皇嘉天然芸薹素乳油 10 000 倍液、丰收一号 600～800 倍液、喷施宝 1 200 倍液等。

4. 黄瓜化瓜　黄瓜雌花未开放或开放后子房不膨大,迅速萎缩变黄脱落,称为化瓜。

(1)发生原因　温室大棚中出现的黄瓜化瓜现象是由环境条件、栽培季节及栽培品种等多方面因素引起的。育苗期温度经常低于 10℃ 的低温,或温度过高,水、肥过大,或干旱缺水、光照不足都可能导致花芽分化不正常而化瓜;生长期植株的营养生长过旺,抑制了生殖生长,营养集中在茎叶上时,也易发生化瓜,特别是在甩蔓期,过早地追肥浇水,往往使根瓜化瓜而发生徒长;生长期中高温、干旱、缺肥或氮肥过多也易造成化瓜;连续低温、阴天也可引起化瓜;过分密植、根瓜采收不及时、品种结实力较强,而营养跟不上等均能引起化瓜。

(2)防治方法　一是应根据不同季节、不同栽培设施,选择节成性适中、连续坐果性能好的栽培品种。二是培育壮苗。育苗期内严格控制温度、湿度、光照及肥料,防止徒长,促成雌花,避免秧苗受旱和高温、低温脱水肥等现象的发生。三是根据品种特性和茬口适密定植,宽窄行栽培,保证田间通风透光,防止后期过于郁闭引起化瓜。四是采收期加强水肥管理,适时、适度采收,促控结合,防止徒长或脱水脱肥,协调生殖生长和营养生长。必要时疏果,及时摘除病虫叶、老残叶、雄花、卷须和发育不良的雌花,避免不必要的养分流失。深冬季节应及时清扫棚面增加光照,保证植株正常生长,早晨棚室最低温度11℃(水果无刺型品种 15℃)左右,22℃～25℃通风。叶面喷施 0.5%磷酸二氢钾＋0.4%葡萄糖＋0.3%尿素＋15 毫克/千克保瓜灵,可有效预防化瓜。

5. 生长点消失 黄瓜生长点消失症的典型症状是黄瓜生长点逐渐变小至最终消失(即"无头"现象),常伴有"泡泡叶"(叶片叶脉间普遍隆起,叶面凹凸不平,多向叶正面鼓泡)发生,叶片往往较正常叶片大而肥厚。

(1)发生原因 多发于 3～4 月份,主要是由于温度管理不合理,温度过低同化物质运输受阻,黄瓜叶片白天制造的营养物质只有 25%左右运输到根、茎、花和果实等部位中去,75%左右营养物质的运输在前半夜进行。营养物质的运输适宜温度为 20℃～25℃,温度低于 15℃,营养物质的运输便停止,使养分积累于叶片中(叶片凹凸不平、皱缩,出现"泡泡叶"),黄瓜生长点得不到足够的营养,导致生长点"饥饿"而萎缩,逐步退化,最终消失。

(2)**防治方法**　一是选用耐低温品种。可选用博耐、津优等耐低温品种。科学调控温湿度。二是提高棚室内夜间温度,缩小昼夜温差。对于已发生黄瓜生长点消失症的棚室,应提高棚室夜间温度尤其是前半夜的温度(高于18℃),缩小昼夜温差,促进营养生长,抑制生殖生长,促发生长点。三是合理浇水施肥。适时适度浇水,保证黄瓜不缺水。增施速效肥,叶面喷施植物动力2003、赤霉素、迦姆丰收等植物生长调节剂,加速生长点恢复的速度。四是适度中耕。由于人经常行走,易造成宽行或垄沟土壤板结,使土壤通透性变差,根系生理功能易早衰,吸水吸肥能力变差。一般15~20天中耕1次,深度10~15厘米。距离黄瓜植株15厘米以内不宜中耕,以免破坏过多根系,影响温室黄瓜的正常生长发育。

6. 黄瓜弯曲瓜　弯曲瓜主要是由生理或物理原因引起的。生理原因:多因营养不良,植株瘦弱造成。如光照不足,温度、水分管理不当,或结瓜前期水分正常,结瓜后期水分供应不足,或伤根,病虫危害引起。尤其是高温,或昼夜温差过大过小、光照少、地温低等条件下易发生。摘叶过多,结瓜过多,开花时子房小的花,花的素质不好,有的花期子房就表现出弯曲状态,随幼瓜长大弯曲加重,曲形瓜在最初或最后的瓜穗发生多。物理原因:雌花或幼瓜被架材及茎蔓等遮阴或夹长而造成弯曲瓜。

7. 尖嘴瓜　这种瓜是由于单性结实弱的品种开花期

雌花没有受精,果实中没有形成种子,缺少了促使营养高物质向果实运输的原动力,因而造成尖端营养不良,形成尖嘴瓜。

肥料供应不足、植株生长势弱,特别是果实膨大后期,水肥不足,果实得不到正常的营养补充,也可形成尖嘴瓜。

8. 大肚子瓜 当雌花授粉不充分,授粉的先端先膨大,营养不足,或水分不均,就会形成大肚子瓜。有的在营养充分的情况下,仍发育成正常瓜。有时高温持续时间长,黄瓜果实因高温危害也会形成畸形。防治是采用单性结实好的品种,加强温度与水肥管理。

9. 蜂腰瓜 当营养和水分有时好,有时供应不正常,反应在同化物质积累不均匀,就会出现瓜条中间细,两端粗,商品性差的蜂腰瓜;雌花受粉不完全易发育成蜂腰瓜。此外,黄瓜染有黑星病,或缺硼,也会出现畸形瓜。防治是采用单性结实好的品种,及时防病,喷施 0.12%～0.25%硼砂或硼酸。

10. 苦味瓜

(1)发生原因 黄瓜出现苦味,是由于苦味素在黄瓜中积累过多所致,生产中氮肥施用过量,或磷、钾肥不足,特别是氮肥突然过量很易出现苦味,黄瓜对氮、磷、钾吸收基本遵循 5∶2∶6 的比例,否则就会出现生育不平衡造成徒长,或出现坐瓜不齐、畸形,或在侧枝上、弱枝上出现苦味瓜。此外,地温低于 13℃,细胞透过性减低,致养分和水分吸收受抑,也会出现苦味或变形。棚温高于30℃持续时间过长,致同化能力减弱,损耗过多或营养失调都会出现苦味瓜。在气温较高、土壤水分较少的情况下,植株发生生理干旱,易产生苦味瓜。苦味还有遗传性,叶色深绿的苦味多。

(2)**防治方法** 一是采用保温采光性能好的温室,选用适宜品种,实行合理稀植;二是科学施用肥料,不要过量施用氮肥;三是在植株进入衰老时,要通过降温、控水、中耕等措施促进根系发育,及早进行复壮;四是进入高温期要防止夜间温度过高。

(五)药 害

黄瓜对不少农药很敏感,而它本身的病虫害多,尤其是在温室高温、高湿环境中病虫危害更重,特别是在毁灭性病虫害暴发时,胡乱用药和随意加大用药量的情况极为普遍,药害也就不可避免。

1. 药害症状 主要表现在以下几个方面:一是引起植株死亡。苗期在叶面喷洒辛硫磷乳油、灌根,或误用盛装过除草剂而没做处理的喷雾器喷洒农药,会引起植株死亡或叶片干枯。二是结瓜异常。如用多效唑来控制植株徒长时,在植株的抽长生长受到很好控制的同时,也会使瓜条的生长明显变短。三是叶片异常。黄瓜受到药害多数表现在叶上,出现的症状多种多样,主要有叶缘干枯或黄化、叶片失绿、叶片畸形、叶片有药害或枯死斑等。

以下是一些农药药害症状(表5)。

表5　黄瓜容易产生药害的农药及在叶面症状一览表

农药名称	症状特征	发生条件
多菌灵	叶面产生乳白色不规则斑点	药未混匀,雾化不好
敌菌灵	在叶面上产生细微的坏死斑	药剂浓度大
百菌清	近顶端的上位叶叶脉间产生明显的失绿	高温条件下用药过量
噻菌灵	叶片畸形,叶缘黄化	苗细弱,土壤施药不均匀
无机铜制剂	叶缘黄化	幼苗期施药;高温施药;药量大浓度高
灭螨猛	叶面出现失绿斑或褐色坏死斑	药液浓度过高
马拉硫磷	生长点受抑,叶畸形	幼苗期用药;药液浓度大
二嗪磷	症状与马拉硫磷相同	药液浓度过大
伏杀硫磷	叶片失绿黄化	药液浓度过大
丁苯威	抑制叶脉伸长,叶片缩小	药液浓度大,尤其在苗期喷用
抗蚜威	叶缘干枯	喷洒药液浓度大或药液量大
异噁唑磷	抑制生长,推迟生长期	定植前土壤消毒用药量过大
草肟威	抑制生长,推迟生长期	土壤消毒时药量过大
乙烯利	受药叶叶缘失绿干枯,新生叶叶缘缺刻浅,叶近圆形	高温时用药,用药量大或浓度过高
植物生长调节剂	叶片扭曲变形,下垂、细小,叶色深浅不匀	施用浓度过大

另外,使用烟剂后,瓜叶变硬、变脆,且叶色变深。

2. 药害产生原因　一是配制浓度过大,或喷用的药液量过多。常见喷用乙烯利时,药害轻时,叶缘褪绿黄化、干枯;真叶叶缘缺刻明显减少,生长受抑。药害严重时,叶干边、出现褪绿白化条斑,缺刻变小,叶缘紧收向背面呈降落伞状。用菌核利浓度过大也可发生药害。二是误用对黄瓜过敏的农药。如辛硫磷对黄瓜过敏,极易产生药害。而由此造成的药害一般是极难挽救的。在徒长坐不住瓜时使用防落素、坐果灵,会造成上部叶皱缩发硬,呈豌豆新生枝叶状。三是不按规定施用农药。生产上常见的是在高温下喷用波尔多液或硫酸铜胶悬液,更多的是代森锰锌造成的药害。代森锰锌在高温下或喷后遇高温或使用浓度偏大极易产生药害,受害叶片一般表现皱缩僵硬,叶色墨绿;苗期灌根也会发生药害。而在连续使用特别是在低温下连续使用代森锰锌时,常易造成锰过剩症——褐脉。四是随意复配农药。当病害突发而难以控制时,有的农户将三、四种农药混合到一起施用,造成严重药害。如爱苗(苯甲·丙环唑)与其他药剂复配时极易产生严重药害。尤其是目前市场所出售的农药复配剂较多,2种或2种以上混配使用,极易发生药害。五是药液稀释不匀,或喷洒雾点过大。使用可湿性粉剂时,如配药时未搅匀,或喷洒过程中出现沉淀,开始或临近结束时喷出的大水滴落到叶面上,常可见有药害产生。如喷洒多菌灵粉剂时,常可见到在开始喷雾或药液临近喷完时喷出的大雾点在叶面上产生不规则乳白色褪绿斑,边缘整齐,一般也不坏死。六是释放烟雾剂放置的位置不对。将烟雾剂、烟柱、烟雾片放置在行间点燃,则多会在施烟点附近的植株上见到受害叶片变白的干枯症状。

3. 防治方法 一是严格按规定选药,按规定的浓度、用药量配药,药剂混用要科学合理。不用不合格或未经登记、标识不清、剂型与标签不符、有效成分不明的假冒伪劣农药;不超药剂标注的防治范围用药;不超剂量用药。配药用水,最好用河水,如是硬水须事先软化,喷药要细致,着药要均匀周到,避免局部着药过多。二是应尽量避开在作物耐药力差的时期施药。一般苗期、开花期最易出现药害,应特别注意。三是不要在高温、烈日的中午施药。因为在高温强光下,作物代谢旺盛,耐药性差,易产生药害。四是大田除草用的喷雾器最好专用,每次用完后用碱水清洗2~3次,避免在棚室误用产生药害。五是当时发现错喷农药,应立即喷洒清水冲洗。六是一旦发生药害,应立即施救。种芽、幼苗药害较轻时,及时中耕松土,适施氮肥,促进幼苗早发转入正常生长发育。叶片、植株药害较重时,应及时灌水、控温遮光,喷施植物生长调节剂,增施磷、钾肥,中耕松土,促使作物及早恢复。

(六)气 害

1. 常见气害发生的原因及症状

(1)氨气中毒 温室大棚使用未经充分腐熟的有机肥(如鸡粪、羊粪等),或者使用大量的硫酸铵、碳酸氢铵等无机肥料后,肥料在发酵过程中产生氨气,氨气从气孔、水孔进入叶片,破坏叶绿素,使受害叶端发生水渍状斑,叶缘变黄变褐,最后叶片干枯。重者全株干枯,仅心叶尚绿。黄瓜对氨气敏感,含量达 5 微升/升时,即可产生危害。达 40 微升/升时经 24 小时几乎可使各种蔬菜受害,甚至枯死。

(2)亚硝酸气体中毒 土壤 pH 值低时,棚内使用过多的铵态肥,容易产生二氧化氮中毒。当空气中二氧化氮浓度达到 5~10 微升/升时,作物就会受害。症状是中位叶叶缘或叶脉间出现不规则的水渍状斑点,后失绿呈黄褐色或黄白色,严重时全叶枯死。

(3)二氧化硫中毒 温室作物生长期错误地用硫磺粉熏蒸产生的二氧化硫从叶片背面气孔侵入,破坏蔬菜叶绿体组织,产生脱水,部分形成白斑、干枯,严重时整株叶片变成绿色网状,叶脉干枯变褐色。

(4)一氧化碳中毒 大棚采用煤火加热时,燃烧不彻底或通风不畅而产生大量一氧化碳,当浓度达到一定程度,受害叶片开始褪色,叶表面叶脉组织变成水渍状,后变白变黄,变成不规则的坏死斑。

(5)亚硫酸中毒 棚内大量施用硫酸铵、硫酸钾及未腐熟饼肥,分解产生二氧化硫气体,遇水汽会变成亚硫酸,不但破坏蔬菜叶片中的叶绿素,而且使土壤酸化,降低土壤肥力。中毒叶片气孔附近的细胞坏死后,呈圆形或菱形白色斑,逐渐枯萎脱落。

（6）二氧化碳中毒　棚内空气中二氧化碳浓度过高，常引起蔬菜叶片卷曲，叶片细胞内的叶绿体由于淀粉积累过多而变形，叶肉黄化，影响光合作用的正常进行，严重时出现凋萎。二氧化碳浓度过高还会影响作物对氧气的吸收，不能进行正常的呼吸代谢作用而影响生长发育，促进衰老过程。另外，当棚内二氧化碳浓度过高时，如不及时换气，则使棚内温度迅速升高，引起蔬菜的高温危害。

（7）薄膜毒气中毒　以邻苯二甲酸二异丁酯或正丁酯作为增塑剂的塑料薄膜，高温下易挥发出乙烯、丙烷、三氯甲烷、四戊烯醇等有毒气体，积累到一定程度时，可使叶片失绿黄化、变白干枯、皱缩。

2. 常见气害诊断　春季温室大棚内有害气体的检测一般以检测棚室露滴做出判断。二氧化碳形成的露滴呈酸性，氨气形成的露滴呈碱性。露滴酸碱度的检测通常在早晨换气前取样进行，检测方法可用精密 pH 试纸，根据露滴 pH 值的检测结果，判断气体的种类及伤害程度。如 pH 值为 4.6 以下，二氧化硫、二氧化碳等气体危害严重，大于 8 时可能是氨气危害。

3. 常见气害综合防治　一是合理施肥。大棚温室蔬菜施基肥要以优质腐熟的土杂肥、绿肥为主，适当增施磷、钾肥，尽量少施速效氮肥。氨态氮肥的施入以基肥为主、追肥为辅，追肥量尽量降低或使用长效尿素。不要使用含氯和硫化物的化肥。需要施化肥时，应严格按照"少量多次，薄肥勤施"的追肥原则，提倡顺水施肥，避免干施。春季施肥时应选晴天上午 11 时至下午 2 时之间进行叶面追肥。二是及时通风。一方面要保证温室内的温度，另一方面尽量增加通风换气的时间，以排除温室内有毒有害气体和吸入新鲜空气。春季上午 10～12 时开门通风，随着气温的回升，通风时间逐渐延长，晴天尽量在中午温度较高时通风，即使雨雪天，也要在中午进行短时间通风换气，以尽量减少棚内有害气体积聚，还可降低空气湿度。三是减少毒源。大棚采用煤火加温时，应让燃料充分燃烧，并在火炉上安装烟囱，将有害气体导出棚外，同时注意通风换气，防止一氧化碳、二氧化碳造成危害。四是精心选膜。尽量不使用加入增塑剂或稳定剂的有毒塑料薄膜，可选用乙烯合成的树脂塑料薄膜，以减少毒源，防止危害。

参考文献

[1] 张和义.大棚日光温室黄瓜栽培[M].修订版.北京:金盾出版社,2009.

[2] 吕佩珂.中国蔬菜病虫害原色图谱[M].修订本.北京:农业出版社,1998.

[3] 吕佩珂.中国蔬菜病虫害原色图谱续集[M].第二版.呼和浩特:远方出版社,2000.

[4] 王久兴.黄瓜生理病害图文详解[M].北京:金盾出版社,2009.

[5] 尹彦.黄瓜高产栽培[M].第二次修订版.北京:金盾出版社,2005.

[6] 杨宇红.黄瓜病虫害防治新技术[M].修订版.北京:金盾出版社,2006.

[7] 赵国荣.黄瓜高产100问[M].北京:台海出版社,2005.

[8] 日本农山渔村文化协会.蔬菜生物生理学基础[M].北京:农业出版社,1985.

[9] 文冰清.棚室黄瓜亩创10 000元关键技术[M].北京:中国三峡出版社,2006.

[10] 付连江.高效节能日光温室蔬菜栽培[M].兰州:甘肃科学技术出版社,1993.

［11］　孙述俊,张学斌.节能日光温室建造与高效栽培技术［M］.兰州:甘肃科学技术出版社,2009.

［12］　张晓明.黄瓜标准化生产技术［M］.北京:金盾出版社,2008.

［13］　安志信.黄瓜的起源和传播初析［J］.长江蔬菜,2006(1).

［14］　张广荣.怎样种好日光温室黄瓜［M］.兰州:甘肃科学技术出版社,2011.

［15］　郑群,宋维慧.国内外蔬菜嫁接技术研究进展［J］.长江蔬菜,2000(8).

［16］　辜松.蔬菜工厂化嫁接育苗生产装备与技术［M］.北京:中国农业出版社,2006.

金盾版图书,科学实用,
通俗易懂,物美价廉,欢迎选购

黄瓜标准化生产技术	10.00	肉羊标准化生产技术	18.00
茄子标准化生产技术	9.50	獭兔标准化生产技术	13.00
番茄标准化生产技术	12.00	长毛兔标准化生产技术	15.00
辣椒标准化生产技术	12.00	肉兔标准化生产技术	11.00
韭菜标准化生产技术	9.00	蛋鸡标准化生产技术	9.00
大蒜标准化生产技术	14.00	肉鸡标准化生产技术	12.00
猕猴桃标准化生产技术	12.00	肉鸭标准化生产技术	16.00
核桃标准化生产技术	12.00	肉狗标准化生产技术	16.00
香蕉标准化生产技术	9.00	狐标准化生产技术	9.00
甜瓜标准化生产技术	10.00	貉标准化生产技术	10.00
香菇标准化生产技术	10.00	菜田化学除草技术问答	11.00
金针菇标准化生产技术	7.00	蔬菜茬口安排技术问答	10.00
滑菇标准化生产技术	6.00	食用菌优质高产栽培技术	
平菇标准化生产技术	7.00	问答	16.00
黑木耳标准化生产技术	9.00	草生菌高效栽培技术问答	17.00
绞股蓝标准化生产技术	7.00	木生菌高效栽培技术问答	14.00
天麻标准化生产技术	10.00	果树盆栽与盆景制作技术	
当归标准化生产技术	10.00	问答	11.00
北五味子标准化生产技术	6.00	蚕病防治基础知识及技术	
金银花标准化生产技术	10.00	问答	9.00
小粒咖啡标准化生产技术	10.00	猪养殖技术问答	14.00
烤烟标准化生产技术	15.00	奶牛养殖技术问答	12.00
猪标准化生产技术	9.00	秸秆养肉牛配套技术问答	11.00
奶牛标准化生产技术	10.00	犊牛培育技术问答	10.00

　　以上图书由全国各地新华书店经销。凡向本社邮购图书或音像制品,可通过邮局汇款,在汇单"附言"栏填写所购书目,邮购图书均可享受9折优惠。购书30元(按打折后实款计算)以上的免收邮挂费,购书不足30元的按邮局资费标准收取3元挂号费,邮寄费由我社承担。邮购地址:北京市丰台区晓月中路29号,邮政编码:100072,联系人:金友,电话:(010)83210681、83210682、83219215、83219217(传真)。

2016.3.16